Lieferung 7 Preis 1 Mark
Gesamtpreis des Werkes gebunden 25 Mark

DIE ZEICHENKUNST

METHODISCHE DARSTELLUNG DES GESAMTEN ZEICHENWESENS

UNTER MITWIRKUNG
VON
A. ANDĚL, LUDWIG HANS FISCHER, M. FÜRST, O. HUPP, A. KULL, KONRAD LANGE, A. MICHOLITSCH, ADOLF MÖLLER, PAUL NAUMANN, F. REISS, A. v. SAINT-GEORGE, KARL STATSMANN, R. TRŮNK, J. VONDERLINN UND HERMANN WIRTH

HERAUSGEGEBEN
VON
KARL KIMMICH

ZWEITE
VERBESSERTE UND VERMEHRTE AUFLAGE

MIT 1157 ABBILDUNGEN IM TEXT
UND 60 TAFELN IN FARBEN- UND LICHTDRUCK

23 LIEFERUNGEN à 1 MARK UND 2 EINBANDDECKEN à 1 MARK
KOMPLETT IN 2 ORIGINALLEINENBÄNDEN 25 MARK

LEIPZIG
G. J. GÖSCHEN'SCHE VERLAGSHANDLUNG

Fig. 512. Fig. 513. Fig. 518. Fig. 516. Fig. 515.

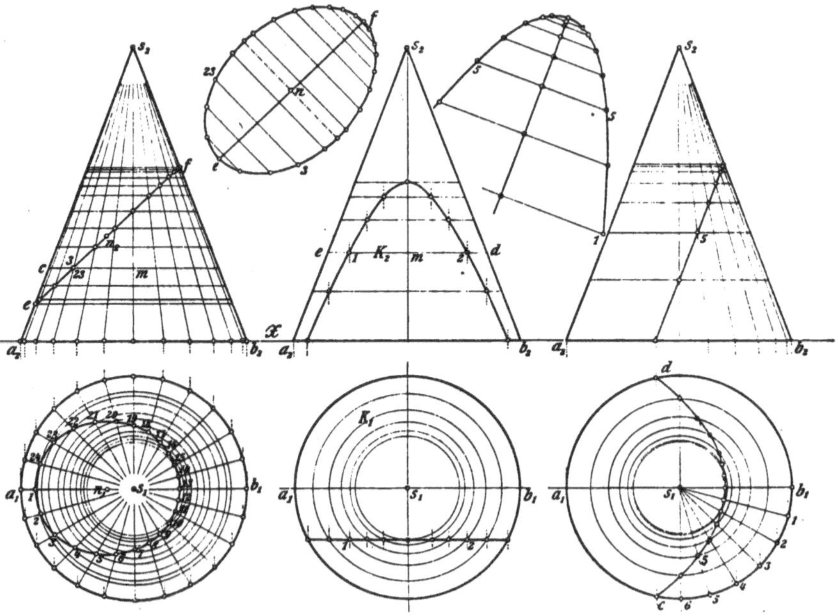

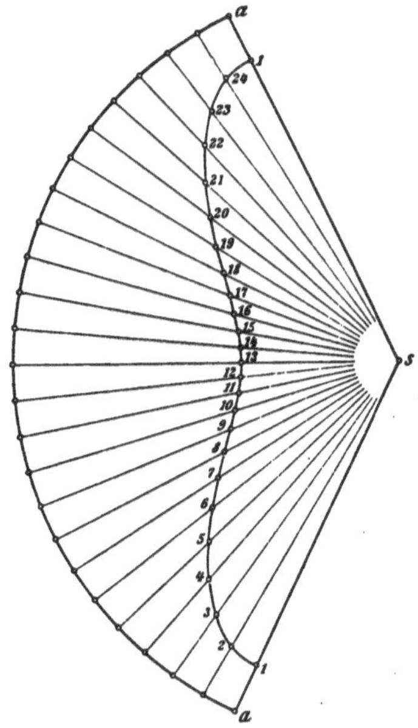

Fig. 514.

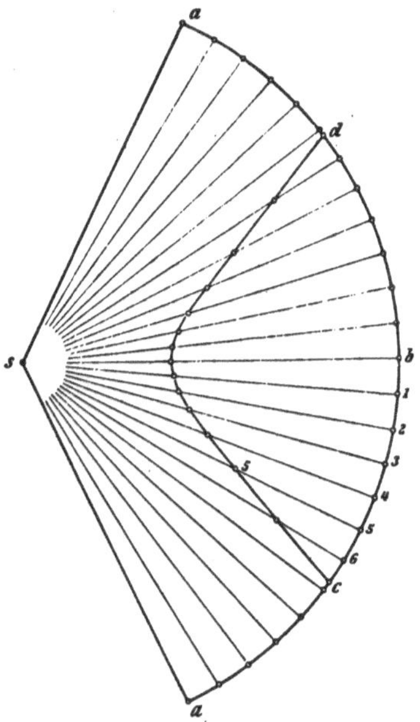

Fig. 517.

zeichnet, am besten durch Einteilung des Grundkreises in eine Anzahl gleicher Teile (etwa 24), die Schnitte dieser Mantellinien mit der Ebene im Aufriß ermittelt und auf den Grundriß projiziert. Zweckmäßig ist es, durch die Aufrisse der Schnittpunkte Horizontalebenen zu legen und deren Schnittkreise mit dem Kegel im Grundriß zu zeichnen. Diese Kreise treffen die Mantellinien in den Grundrissen der Schnittpunkte. In Figur 512 ist diese Konstruktion ausgeführt; für den Punkt 3, 23 ist der Halbmesser des Schnittkreises gleich $\overline{m\,c}$, der Grundriß dieses Kreises schneidet die zugehörigen Mantellinien in den Punkten 3 und 23.

Die wahre Gestalt der Schnittellipse ist in Figur 513 besonders gezeichnet: es ist die Schnittebene parallel verschoben und dann in die Pr. Eb. E_2 umgelegt worden. Die Abstände der Ellipsenpunkte von der Mittellinie e f sind gleich den Abständen der Grundrisse der betreffenden Punkte von der Mittellinie $a_1\,b_1$.

Abwicklung des Kegelmantels mit der Schnittfigur. Da die sämtlichen Kegelmantellinien gleich lang sind, so erhält man für den Kegelmantel nach der Abwicklung in eine Ebene einen Kreisausschnitt, dessen Halbmesser gleich der Länge $\overline{a_2\,s_2}$ einer Seitenlinie des Kegels und dessen Bogenlänge gleich dem Umfange des Grundkreises des Kegels ist. Man beschreibt also um den Punkt s (Fig. 514) mit einem Halbmesser gleich $\overline{a_2\,s_2}$ (Fig. 512) einen Kreisbogen, überträgt auf diesen die Kreisteilung des Grundkreises des Kegels und zieht durch die so erhaltenen Teilungspunkte die Mantellinien nach s. Will man nun die Schnittkurve in die Abwicklung übertragen, so hat man nur auf die betreffenden Mantellinien die wahren Entfernungen der Punkte der Schnittkurve von der Kegelspitze zu bestimmen und auf die betreffenden Mantellinien in der Abwicklung zu übertragen. Für die Punkte 3 und 23 ist diese wahre Entfernung durch die Länge $\overline{s_2\,c}$ bestimmt, und diese Länge ist in Figur 514 von s aus nach $\overline{s\,3}$ und $\overline{s\,23}$ zu übertragen. Entsprechend verfährt man für die übrigen Mantellinien.

Hat die Ebene die Lage wie in Figur 515, d. h. ist der Aufriß parallel zu einer Umrißmantellinie $a_2\,s_2$, so entsteht als Schnittkurve eine Parabel. Die Konstruktion bleibt die nämliche wie in voriger Nummer. Figur 516 zeigt die Abwicklung des Kegelmantels mit der Schnittkurve in eine Ebene; in Figur 517 ist die wahre Gestalt der Schnittkurve dargestellt.

In Figur 518 ist die Ebene senkrecht zur Pr. Eb. E_2, also parallel zur Kegelachse angenommen. Die Schnittfigur ist in diesem Falle eine Hyperbel. Eine Kreisebene e d liefert mit dem Kegel den Schnittkreis

K mit dem Halbmesser $\overline{me}$; der Grundriß K_1 von K trifft den Grundriß der Schnittebene in den Punkten 1 und 2, welche in den Aufriß zu projizieren sind. Der Aufriß der Schnittfigur ist bei der angenommenen Lage der Schnittebene zugleich die wahre Gestalt.

Schnitt einer gegen die beiden Pr. Ebn. geneigten Ebene mit einem schiefen Kreiszylinder.

27. Zur Darstellung des schiefen Kreiszylinders wählt man zweckmäßig die eine Pr. Eb., z. B. E_2, parallel zur Zylinderrichtung, die andere

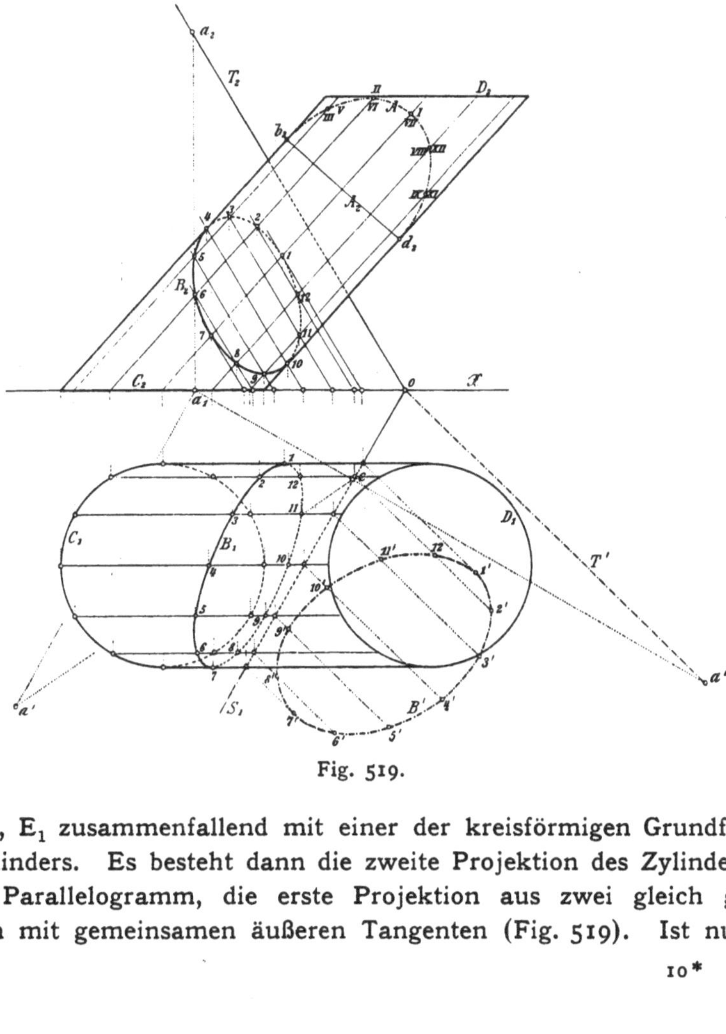

Fig. 519.

Pr. Eb., E_1 zusammenfallend mit einer der kreisförmigen Grundflächen des Zylinders. Es besteht dann die zweite Projektion des Zylinders aus einem Parallelogramm, die erste Projektion aus zwei gleich großen Kreisen mit gemeinsamen äußeren Tangenten (Fig. 519). Ist nun S T die gegebene Ebene, so erhält man deren Schnitt mit der Zylinderfläche, wenn man auf letzterer eine Anzahl Mantellinien annimmt und deren Schnittpunkte mit der gegebenen Ebene aufsucht. Zu diesem Zwecke teilt man den Grundkreis des Zylinders ein, etwa in 12 gleiche Teile, und zieht durch die Teilungspunkte Zylindermantellinien. Die Grundrisse dieser Mantellinien können als Grundrisse von Geraden der Ebene S T aufgefaßt werden, deren Aufrisse parallel zu T_2 laufen und die zweiten Projektionen der Mantellinien in Punkten der Schnittfigur treffen. Die

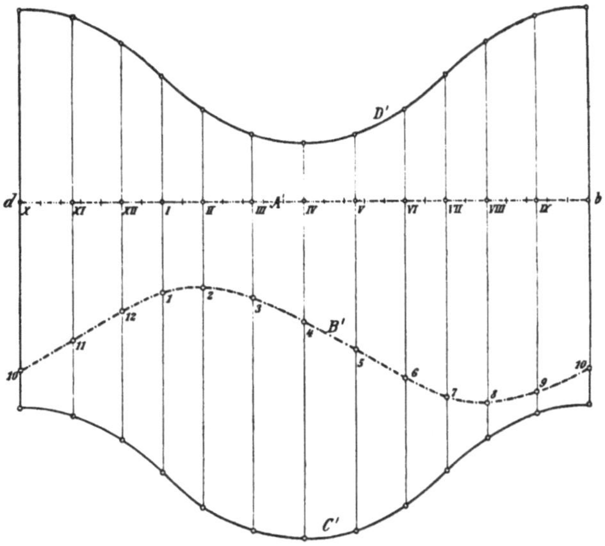

Fig. 520.

wahre Gestalt der Schnittkurve ergibt sich durch Umlegung der Ebene in die Pr. Eb. E_1 nach Nr. 16.

Was die Abwicklung des Zylindermantels anbetrifft, so wird dieselbe in ähnlicher Weise hergestellt, wie die Abwicklung des Mantels des schiefen Prismas in Nr. 22. Man führt einen ebenen Schnitt durch den Zylinder normal zu dessen Richtung und bestimmt die wahre Gestalt dieses Schnittes. Bei der Abwicklung des Zylindermantels verwandelt sich der elliptische Normalschnitt in eine gerade Linie $\overline{d\,b}$ (Fig. 520) von der Länge gleich dem Umfang der Ellipse A. Man erhält daher die Länge $\overline{d\,b}$ (Fig. 520), wenn man die Ellipse A, von welcher in der Figur 519 nur eine Hälfte dargestellt ist, in eine Anzahl gleicher, hinreichend kleiner Teile teilt und diese auf der Geraden d b (Fig. 520) nacheinander abträgt. Die Schnittpunkte der Zylindermantellinien mit dem Normalschnitt A überträgt man dann nach d b durch Interpolation. Man erhält auf diese Weise die Punkte I bis XII (Fig. 520) und zieht durch letztere Punkte die Zylindermantellinien hindurch; auf ihnen trägt man dann von den Punkten I bis XII aus die Abstände dieser Punkte von den Punkten der beiden Grundkreise und der Schnittkurve B ab,

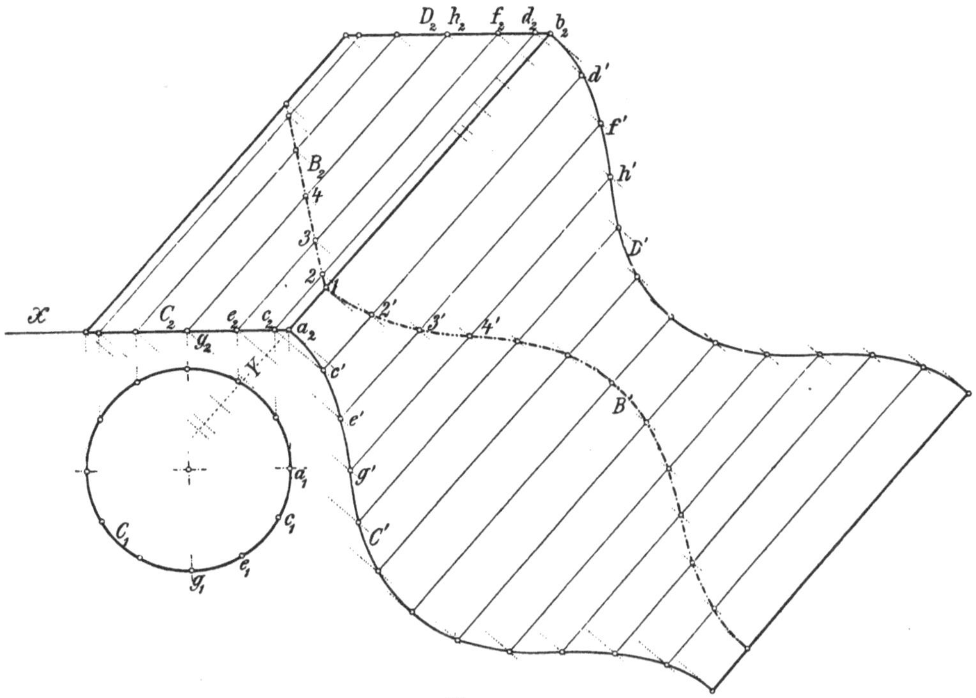

Fig. 521.

wodurch sich die Figur 520 ergibt. Ohne Benützung eines Normalschnittes erhält man die Mantelabwicklung eines schiefen Kreiszylinders in folgender Weise: Man teilt den Grundkreis C (Fig. 521) in eine Anzahl (am besten 24) gleicher Teile (in der Figur sind der Deutlichkeit wegen nur 12 Teile angenommen) und zieht durch die Teilungspunkte Mantellinien. Je zwei aufeinanderfolgende Mantellinien bilden mit den zwischen ihnen liegenden Bogenstücken der Grundkreise C und D ein Parallelogramm, dessen wahre Gestalt leicht bestimmt werden kann. Nimmt man etwa das Parallelogramm a b c d heraus, so kann man dasselbe um die Kante a b in die a b enthaltende Parallelebene zu E_2 umlegen, dann liegt die Umlegung c' von c in einer Senkrechten durch c_2 zu a_2 b_2 und auf einem Kreise mit a_2 als Mittelpunkt und einem Halbmesser gleich dem Bogenstück a_1 c_1. In gleicher Weise ergibt sich die Umlegung des Parallelogramms c d e f um die Kante c' d' in die gleiche Ebene wie vorhin. Es liegt e' auf der Senkrechten durch e_2 zu a_2 b_2 und auf einem Kreise mit c' als Mittelpunkt und $\overline{c_1 e_1} = \overline{a_1 c_1}$ als Halbmesser. An das Parallelogramm c' d' e' f' schließt sich das Parallelogramm e' f' g' h' an usw. fort, bis alle Parallelogramme nacheinander in die gleiche Ebene ausgebreitet sind. Die Punkte d', f', h' usw. der Kurve D' ergeben sich auch dadurch, daß man durch c', e', g' usw. Parallelen zu a_1 b_1 zieht und auf ihnen die Länge $\overline{a_2 b_2}$ abträgt. In der Figur ist noch die Abwicklung B' einer auf dem Zylindermantel liegenden Kurve B_1 (Aufriß B_2) angegeben.

Schnitt einer projizierenden Ebene mit einer Kugel.

28. Die Projektionen der Kugel stellen sich als zwei gleich große Kreise mit einem Halbmesser gleich dem Kugelhalbmesser dar. Der eine Kreis ist der zur Pr. Eb. E_1 parallele größte Kugelkreis A, der andere Kreis ist der zur Pr. Eb. E_2 parallele größte Kugelkreis B. Die Kreise A und B bilden die Umrisse der Kugel. Jeder ebene Schnitt der Kugel ist ein Kreis, und zwar ein größter Kreis, wenn die schneidende Ebene den Kugelmittelpunkt enthält, und ein Nebenkreis der Kugel, wenn dies nicht der Fall ist. Steht die schneidende Ebene auf einer Pr. Eb., z. B. E_2 senkrecht, so projiziert sich die Schnittkurve dieser Ebene auf die Pr. Eb. E_2 als eine Kreissehne $\overline{a_2 b_2}$ (Fig. 522), während die Projektion auf E_1 sich als Ellipse darstellt. Die Grundrisse der Punkte a und b liegen auf A_1 in a_1 und b_1 und bilden die Endpunkte der kleinen Ellipsenachse. Die große Ellipsenachse $\overline{c_1 d_1}$ geht durch den Mittelpunkt e_1 von $\overline{a_1 b_1}$ und ist gleich der Strecke $\overline{a_2 b_2}$. Die Schnittpunkte der Kreisebene B mit der schneidenden Ebene sind die Punkte 5 und 6, in welchen der Grundriß D_1 der Schnittkurve den Umriß B_1 der Kugel berührt. Will man beliebige weitere Punkte der Schnittkurve ermitteln, so wählt man eine beliebige horizontale Kreisebene C_2, welche aus der Kugel einen Kreis C ausschneidet, auf welchem die Punkte 1 und 2 z. B. liegen. Der Halbmesser des Grundrisses C_1 dieses Kreises ist gleich der Strecke $\overline{f'g}$. Die wahre Gestalt der Schnittfigur ist der über $\overline{a_2 b_2}$ als Durchmesser beschriebene Kreis D'.

Schnitt einer gegen die beiden Pr. Ebn. geneigten Ebene mit einer Kugel.

29. Man bestimmt zunächst die Schnittlinien der Umrißkreisebenen A und B der Kugel mit der Ebene S T (siehe Fig. 523), diese treffen dann die Umrißkreise selbst in den Punkten 1, 2 bzw. 3, 4. Hierauf ermittelt man die Schnittlinie einer durch den Mittelpunkt m senkrecht

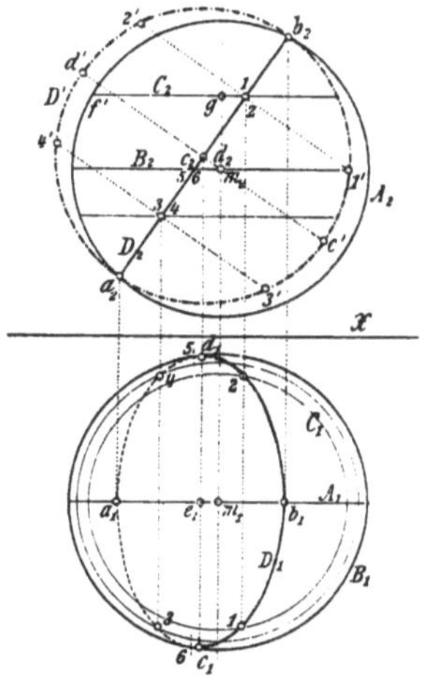

Fig. 522.

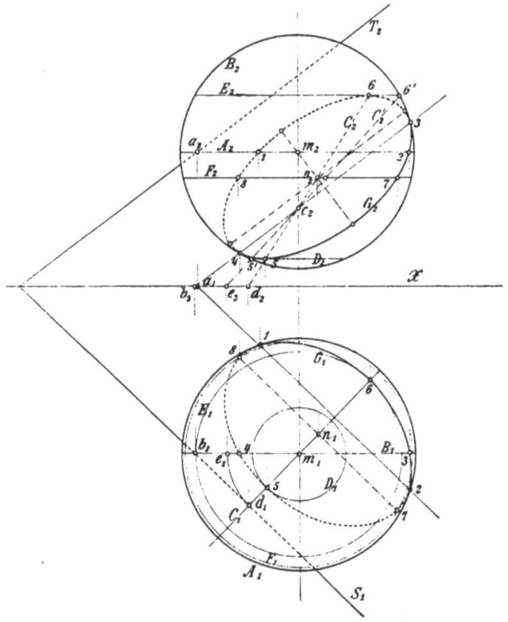

Fig. 523.

zur Pr. Eb. E_1 und zur gegebenen Ebene S T geführten Ebene mit der Kugel und der Ebene S T. Dies geschieht am besten dadurch, daß man sich die genannte Schnittebene um den vertikalen Kugeldurchmesser gedreht denkt, bis sie parallel zur Pr. Eb. E_2 wird; ihre Schnittlinie C mit der Ebene S T wird dann im Aufriß die Linie C'_2, ihr Schnitt mit der Kugel der Kreis B_2; C'_2 und B_2 treffen sich in den Punkten 5′ und 6′, durch welche die Kreise D und E hindurchgehen, deren erste Projektionen D_1 und E_1 auf C_1 die Punkte 5 und 6 ausschneiden; die zugehörigen Aufrisse liegen auf D_2 und E_2. Die Punkte 5 und 6 bilden im Grundriß die Endpunkte der kleinen Ellipsenachse, im Aufriß den tiefsten bzw.

höchsten Ellipsenpunkt. Halbiert man die Strecke $\overline{56}$ in einem Punkte n, so ist n der Mittelpunkt des Schnittkreises; eine durch n gehende Horizontalebene liefert mit der Kugel einen Schnittkreis F, dessen erste

Fig. 524. Fig. 524b.

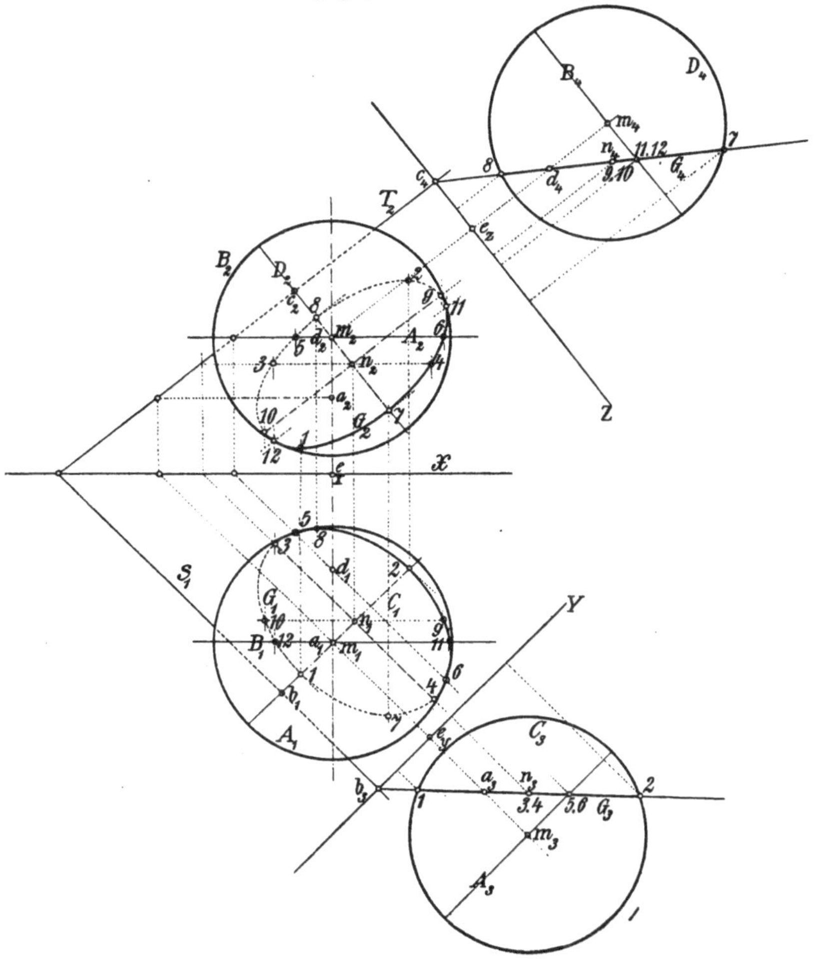

Fig. 524a.

Projektion F_1 die Punkte 7 und 8 der großen Ellipsenachse enthält. Im Aufriß bilden die Punkte 5, 6 und 7, 8 die Endpunkte zweier konjugierten Durchmesser der Ellipse G_2. Mit Zuhilfenahme einer weiteren Pr. Eb., entweder senkrecht zur gegebenen Ebene und zur Grundrißebene, oder senkrecht zur gegebenen Ebene und zur Aufrißebene, ermittelt sich die Durchschnittslinie der Ebene S T mit der Kugel (siehe Fig. 524) gleichfalls in sehr einfacher Weise: In der dritten Projektion (siehe Fig. 524a) stellt sich die Schnittlinie der Ebene mit der Kugel als die Kreissehne G_3 dar, es ist $\overline{e_y a_3} = \overline{e_x a_2}$, woraus sich im Grundriß sofort die Hauptachsen der Ellipse G_1 bestimmen. Die große Achse $\overline{3.4}$ ist gleich der Länge $\overline{1.2}$ von G_3, die kleine Achse ergibt sich als Projektion der Sehne $\overline{1.2}$ auf C_1. Aus dem Grundriß und der dritten Projektion ermitteln sich dann die Aufrißpunkte in bekannter Weise, siehe auch Nr. 3.

Ist eine vierte Projektionsebene angenommen (siehe Fig. 524b), so stellt sich in dieser die Schnittlinie der Ebene mit der Kugel als die Kreissehne G_4 dar $\overline{e_z d_4} = \overline{e_x d_1}$, woraus sich im Aufriß die Achsen der Ellipse G_2 ergeben. Die große Achse $\overline{9.10}$ ist gleich der Länge $\overline{7.8}$ von G_4, die kleine Achse ist die Projektion von $\overline{7.8}$ auf D_2. Selbstverständlich ergibt sich in der dritten und vierten Projektion die Länge der Kreissehne, als welche sich die Schnittlinie G projiziert, gleich groß, d. h. es ist $\overline{1.2}$ in Figur 524a gleich $\overline{7.8}$ in Figur 524b. Die Punkte 5 und 6 bzw. 11 und 12 ergeben sich durch Projektion der Schnittpunkte von A_3 bzw. B_4 mit G_3 bzw. G_4. Aus der vierten Projektion und dem Aufriß läßt sich der Grundriß von G_1 in bekannter Weise bestimmen.

Selbstverständlich kann man auch, wie in der Fig. 524 geschehen, den Grundriß mittels einer dritten, den Aufriß mittels einer vierten Projektion ermitteln. In der Figur sind die Ellipsenpunkte, wie sie sich im Grund- und Aufriß entsprechen, durch Ziffern angegeben.

Schnitt einer gegen beide Pr. Ebn. geneigten Ebene mit einem Umdrehungskörper.

30. Ein Umdrehungskörper entsteht, wenn irgend eine ebene Kurve A um eine in der Ebene der Kurve A liegende Gerade D als Achse gedreht wird (Fig. 525). Die Gerade D heißt die Achse des Umdrehungskörpers. Jeder die Achse D enthaltende ebene Schnitt heißt ein Meridian. Alle Meridiane eines Umdrehungskörpers sind kongruente Figuren. Jeder senkrecht zur Achse D geführte Schnitt heißt ein Parallelkreis des Umdrehungskörpers. In Figur 525 ist ein Umdrehungskörper dargestellt, der entsteht, wenn eine Kreislinie A um eine nicht durch ihren Mittelpunkt gehende Gerade D als Achse sich dreht. Die Pr. Eb. E_1 ist senkrecht zur Achse D gewählt. Der Aufriß des Umdrehungskörpers ist be-

grenzt durch den zur Pr. Eb. E_2 parallelen Meridian (Hauptmeridian) A A′ und die den beiden Kreisen A_2 und A'_2 gemeinsamen äußeren Tangenten. Der Grundriß ist begrenzt von zwei Kreisen B_1 und C_1, von welchen der eine den Grundriß des größten, der andere den Grundriß des kleinsten Parallelkreises des Körpers darstellt.

Um den Schnitt eines Umdrehungskörpers mit einer Ebene zu konstruieren, nimmt man auf seiner Oberfläche eine Reihe von Parallelkreisen an und bestimmt die Schnitte ihrer Ebenen mit der Ebene S T; diese Schnittlinien treffen die Parallelkreise selbst in Punkten der Schnittfigur.

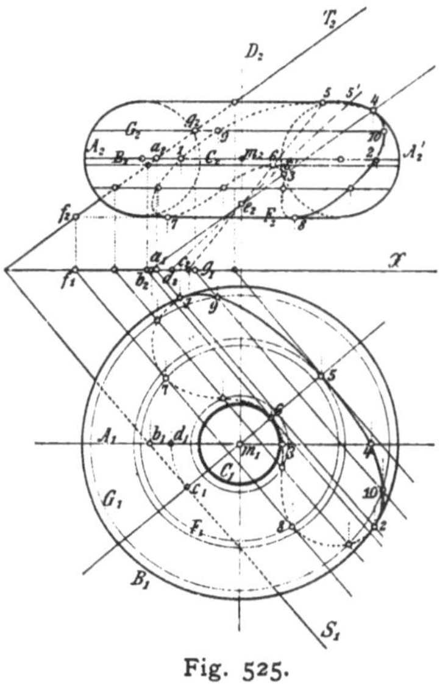

Fig. 525.

In der Figur 525 ist zunächst der Schnitt der Parallelkreisebene B bzw. C mit der gegebenen Ebene bestimmt worden. Diese Schnittlinie ist eine den Punkt a enthaltende Parallele zur ersten Spur S der Ebene und schneidet den Parallelkreis B in den Punkten 1 und 2. Auf dem Parallelkreis C liegen keine Schnittpunkte. Hierauf ist die Schnittlinie der Meridianebene A A′ mit der Ebene S T bestimmt worden, d. i. eine den Punkt b enthaltende Parallele zur Spur T der Ebene; sie schneidet den Kreis A′ in den Punkten 3 und 4. Kreis A wird nicht getroffen; die zur gegebenen Ebene S T senkrechte, die Achse D enthaltende Ebene schneidet die Ebene S T nach einer Geraden c e, welche die Punkte 5 und 6 der Schnittkurve enthält. In diesen Punkten sind die Aufrisse der Parallelkreise Tangenten an den Aufriß der Schnittkurve. Die Ebene durch den Umrißkreis F liefert die Schnittpunkte 7 und 8, gelegen auf der Spurparallelen durch f und auf dem Parallelkreise F. Irgend eine andere Parallelkreisebene, z. B. G_2, liefert die Schnittpunkte 9 und 10, gelegen auf der Spurparallelen durch g und dem Parallelkreise G. Aus der Konstruktion ergibt sich, daß die zur Ebene S T senkrechte Meridianebene des Umdrehungskörpers für die Punkte der Schnittkurve eine Symmetrieebene ist. Für den Grundriß der Schnittkurve ist also der Grundriß der genannten Meridianebene eine Symmetrieachse.

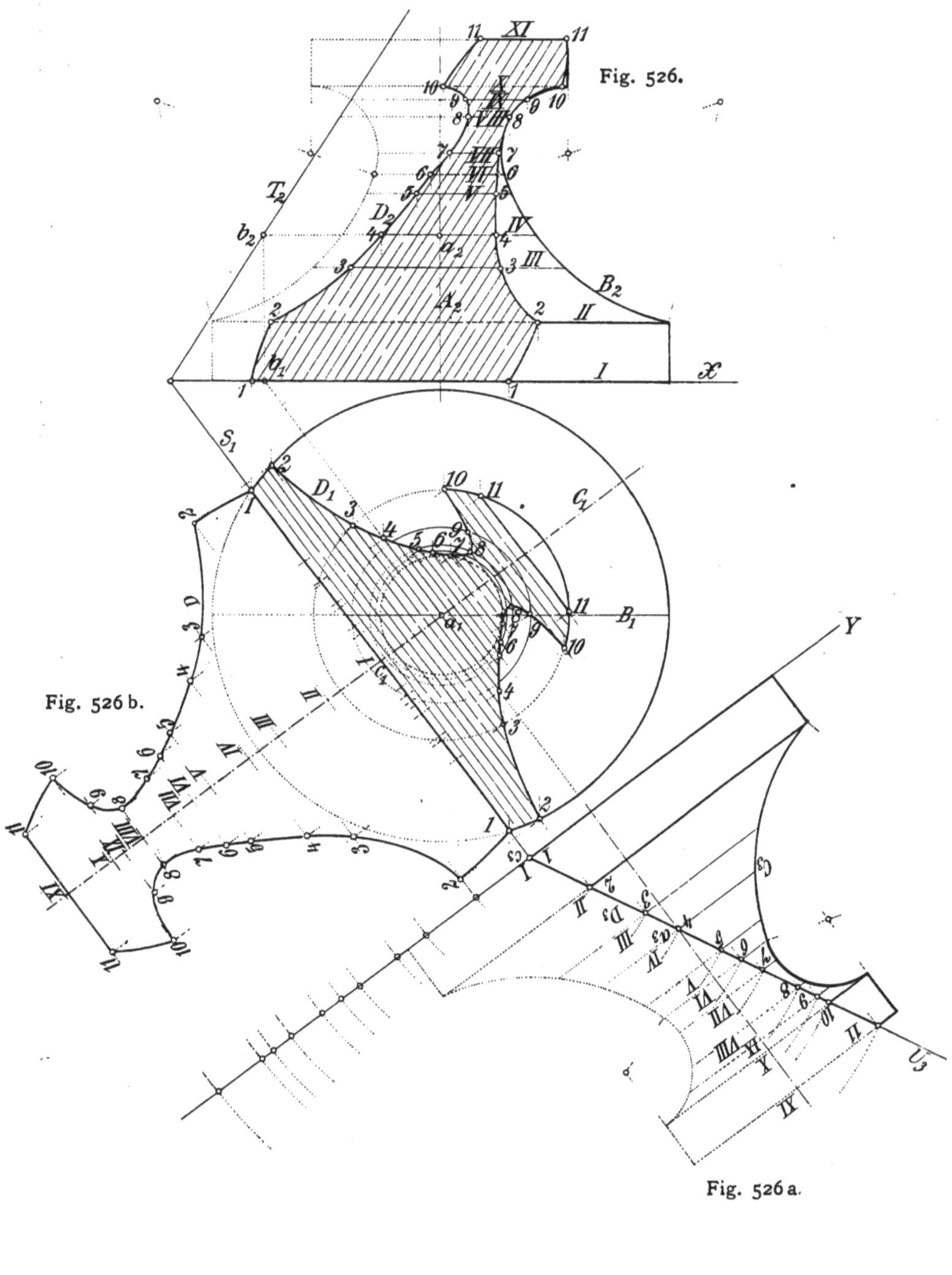

Fig. 526.

Fig. 526 b.

Fig. 526 a.

In sehr einfacher Weise läßt sich die Schnittlinie einer gegen Grund- und Aufrißebene beliebig geneigten Ebene mit einem Umdrehungskörper unter Zuhilfenahme einer dritten Pr. Eb. ermitteln, welche auf der gegebenen Ebene und zu jener Pr. Eb. senkrecht steht, auf welcher auch die Achse des Umdrehungskörpers senkrecht steht, im vorliegenden Falle (siehe Fig. 526) also zur Grundrißebene.

Man zeichnet die dritte Projektion U_3 der gegebenen Ebene mittels der dritten Projektionen a_3 und c_3 der Punkte a und c der Ebene, sowie die dritte Projektion des Umdrehungskörpers (siehe Fig. 526a).

Durch Annahme einer Anzahl von Horizontalebenen I bis XI erhält man im Seitenriß deren Schnitte 1 bis 11 mit der gegebenen Ebene. Zieht man nun durch die Punkte 1 bis 11 im Seitenriß Parallele zur Spur S_1 der Ebene, so treffen diese die Grundrisse der zu den Ebenen I bis XI gehörigen Parallelkreise des Umdrehungskörpers in den Grundrißpunkten 1 bis 11 der Schnittkurve. Die Aufrisse der Punkte der Schnittkurve ergeben sich durch Hinaufprojizieren. In der Figur 526b ist auch die wahre Gestalt der Schnittkurve D durch Umlegung ihrer Ebene um die Spur S_1 in die Grundrißebene ermittelt worden.

Konstruktion der Schraubenlinie.

31. Dreht sich ein Punkt o (siehe Fig. 527) um eine Gerade A als Achse und bewegt er sich gleichzeitig parallel zu dieser Achse in der Weise fort, daß gleich großen Drehungen auch gleich große Wege parallel zur Achse A entsprechen, so beschreibt er eine Schraubenlinie. Zu ihrer Darstellung wählt man die Achse A senkrecht zur Grundrißebene; in diese projiziert sich dann die Schraubenlinie als ein Kreis K_1 mit dem Mittelpunkt A_1 und einem Halbmesser gleich dem Abstand des Punktes o von A. Hat der Punkt o eine Drehung von 360^0 um die Achse A ausgeführt, so heißt der bei dieser Drehung parallel zu A zurückgelegte Weg von o die Ganghöhe der Schraubenlinie. Trägt man die Ganghöhe h auf der Achse A von a nach a b ab, teilt diese Strecke in eine beliebige Anzahl etwa 12 gleiche Teile, zieht durch die Teilungspunkte Senkrechte zu A_2, so braucht man nur den Kreis K_1 in die gleiche Anzahl gleicher Teile zu teilen und von dem Punkte o ausgehend die Teilungspunkte auf K_1 auf die Horizontalen durch die Teilungspunkte auf A_2 zu projizieren, so ergibt sich der Aufriß K_2 der Schraubenlinie. Der zu einer Ganghöhe

gehörige Teil der Schraubenlinie heißt ein Schraubenumgang. In Figur 527 sind zwei Umgänge dargestellt.

Aus dem Vorstehenden folgt zunächst, daß eine Schraubenlinie stets auf einem senkrechten Kreiszylinder liegt, dessen Achse mit der Achse der Schraubenlinie zusammenfällt. Breitet man den Mantel dieses Zylinders in eine Ebene aus, so verwandelt sich jeder Umgang der Schraubenlinie in eine Gerade (siehe Fig. 527a). In Figur 527a ist die Strecke $\overline{o\,o'}$ gleich dem Umfange von K_1 [1]) und K der einem Schraubenumgange entsprechende Teil der Schraubenlinie. Im Punkte 3 ist an

Fig. 527. Fig. 527a.

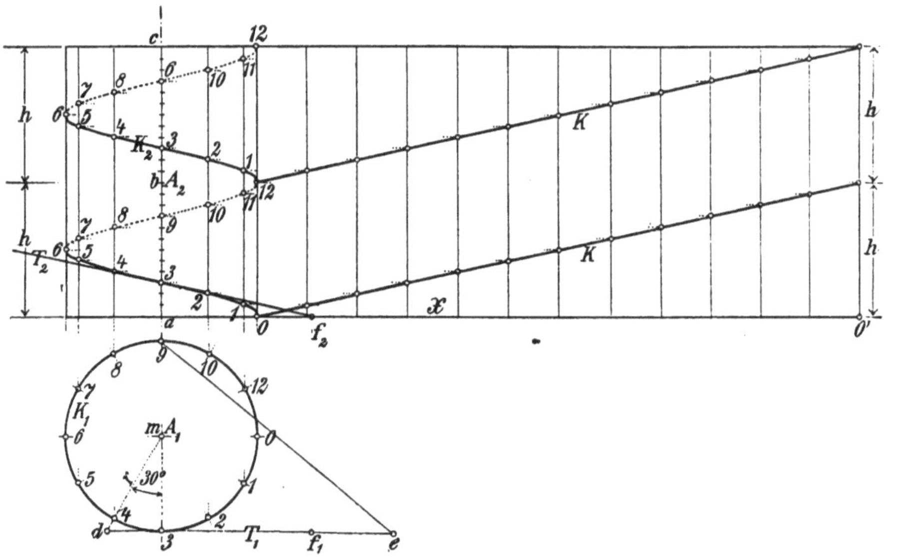

die Schraubenlinie eine Tangente konstruiert worden. Es ist an K_1 die Tangente gezogen und die Strecke $\overline{3\,f_1}$, gleich dem Kreisbogen o 3, abgetragen und f_1 nach f_2 projiziert; $f_2\,3$ ist die Tangente an den Aufriß der Schraubenlinie. Alle Tangenten der Schraubenlinie haben gegen die Schraubenachse, bzw. gegen eine zur Schraubenachse senkrechte Ebene gleiche Neigung [2]). Man unterscheidet eine rechts- und eine linksgehende

[1]) In Fig. 527 ist in der Strecke $\overline{9\,e}$ die Länge des halben Kreisumfanges von K_1 dargestellt. Es ist in 3 die Tangente an K_1 gezogen, m d an m 3 unter 30° angetragen und $\overline{d\,e} = 3$ mal dem Halbmesser von K_1 gemacht.

[2]) Ist h die Ganghöhe, r der Halbmesser des Zylinders, auf welchem die Schraubenlinie liegt, und α der Winkel einer Tangente mit der Ebene senkrecht zur Schraubenachse, so ist $\operatorname{tg}\alpha = \frac{h}{2 r \pi}$.

Schraubenlinie, je nachdem sie vom Beschauer aus gesehen nach rechts oder links ansteigt. In Figur 527 ist eine linksgehende Schraubenlinie dargestellt.

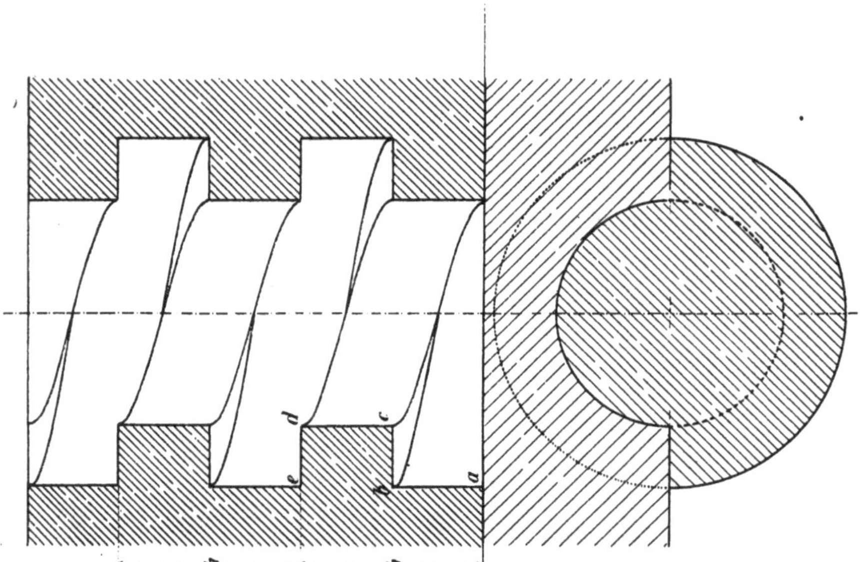

Fig. 529.

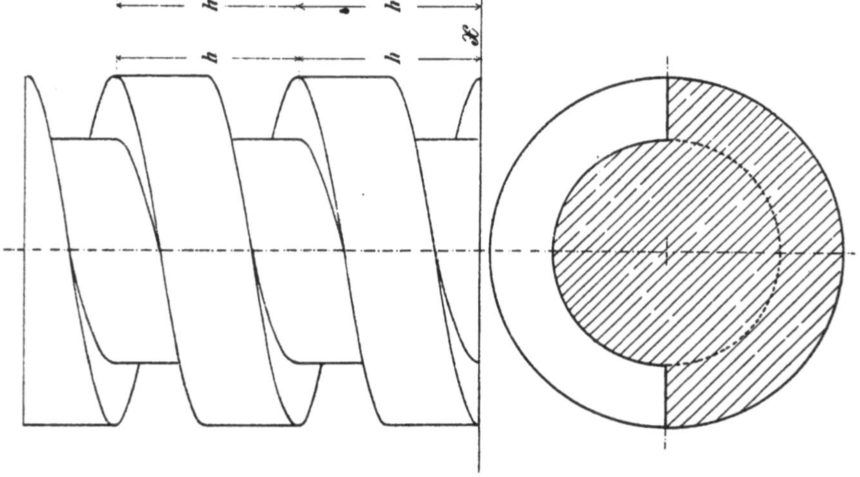

Fig. 528.

In den Figuren 528—531 ist die Verwendung der Schraubenlinie bei dem Schraubengewinde dargestellt. Die Figuren 528 und 529 zeigen die flachgängige Schraube, und zwar stellt Figur 528 die Spindel und Figur 529 einen die Schraubenachse enthaltenden Schnitt durch das Gewinde dar.

In den Figuren 530 und 531 ist die scharfgängige Schraube und zwar wieder in Figur 530 die Spindel, in Figur 531 ein Schnitt durch das Gewinde dargestellt.

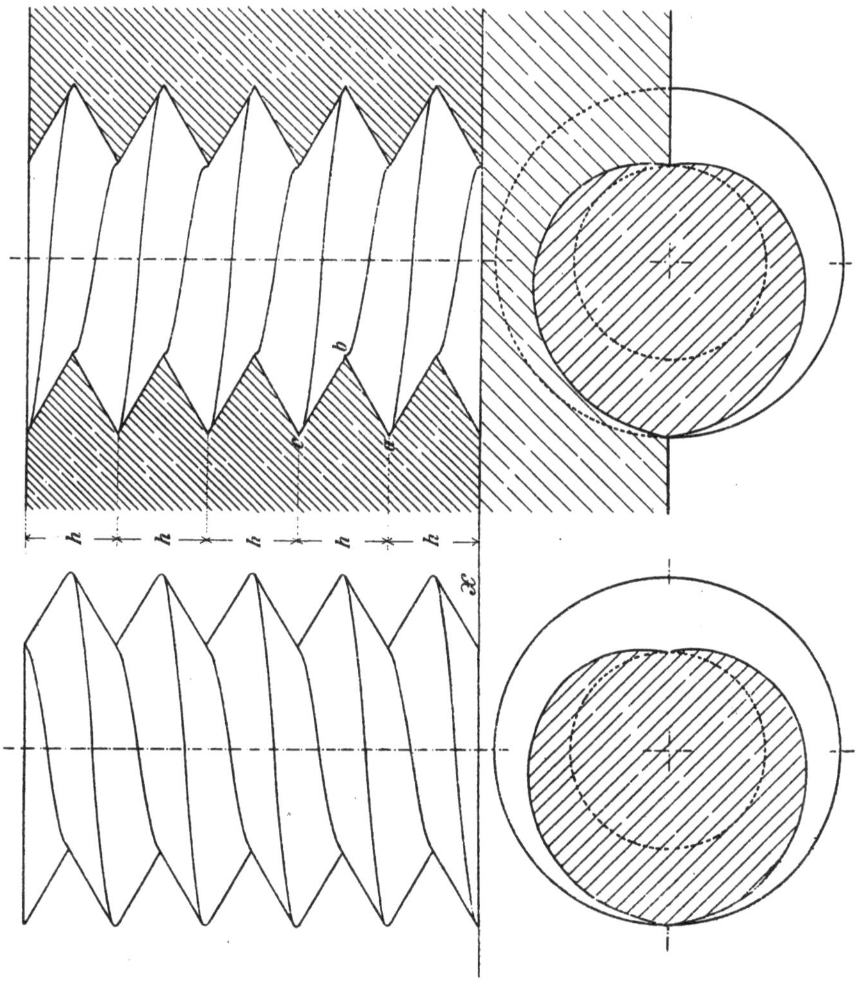

Fig. 531.

Fig. 530.

Die Schraube wird für praktische Zwecke sowohl als Bewegungsschraube, d. h. zur Übertragung einer Bewegung, als auch als Befestigungsschraube, d. h. zur Verbindung zweier oder mehrerer Gegenstände benützt.

3. Kapitel.

Durchdringung zweier Körper.

Durchdringung zweier Prismen.

32. Handelt es sich darum, die Durchschnittsfigur von zwei Körpern zu konstruieren, so besteht das Konstruktionsverfahren immer darin, daß man auf den Oberflächen beider Körper Linien wählt und die Durchschnittspunkte dieser Linien mit der Oberfläche des anderen Körpers aufsucht. Von der geometrischen Beschaffenheit der Oberflächen der in Rede stehenden Körper hängt die Wahl der Linien ab. Wenn immer möglich, wird man nur solche Linien auf der Oberfläche eines Körpers wählen, die leicht und einfach zu zeichnen sind, also gerade Linien oder Kreise.

Sind zwei Prismen gegeben, Prisma I senkrecht zur ersten, Prisma II senkrecht zur zweiten Pr. Eb. (Fig. 532), so ist sowohl im Grund- wie im Aufriß die Schnittfigur schon gezeichnet, denn diese Projektionen fallen mit den Projektionen der Prismen selbst zusammen. Um nun eine Vorstellung von der Gestalt der Schnittfigur zu gewinnen, ist eine weitere Projektion der beiden Prismen in eine Pr. Eb. E_3 senkrecht zu E_1 und E_2 in Figur 533 gezeichnet. Als Linien auf den Oberflächen beider Körper wählt man die Seitenkanten der Prismen und bestimmt ihre Schnitte mit den Flächen des anderen Prismas. So treffen die Seitenkanten des Prismas I die Flächen des Prismas II in den Punkten I, II, III, IV, V und VI, deren Grund- und Aufrisse mit den gleichnamigen arabischen Ziffern bezeichnet sind; ebenso treffen die Kanten des Prismas II die Flächen des Prismas I in den Punkten VII, VIII, IX, X, XI und XII.

Verbindungsreihenfolge der Punkte zur Schnittfigur. Es können nur solche Punkte der Schnittfigur miteinander verbunden werden, welche gleichzeitig in den Flächen beider Prismen liegen, also als Durchschnittslinien zweier Prismenflächen erscheinen. Die Grundrisse solcher Linien fallen mit den Grundkanten des Prismas I, die Aufrisse mit den Grundkanten des Prismas II zusammen. Die Verbindungsreihenfolge ist also aus dem Grundriß von Prisma I und dem Aufriß von Prisma II wie folgt zu entnehmen: 1.8.2.12.4.11.6.7.9.5.3.10.1; in dieser Reihenfolge sind die mit römischen Ziffern versehenen Schnittpunkte zu ver-

Fig. 532.

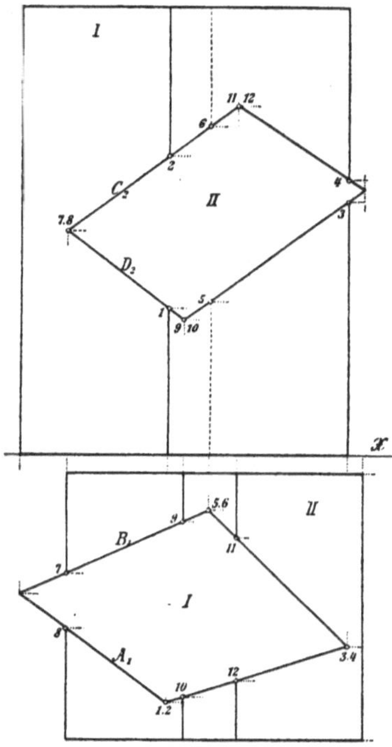

Fig. 533.

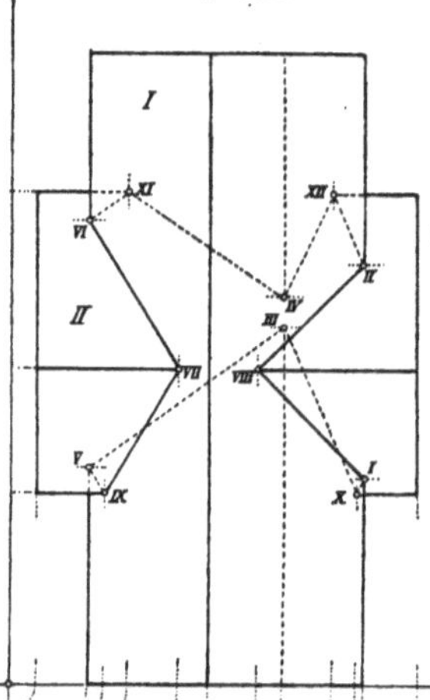

Fig. 534.

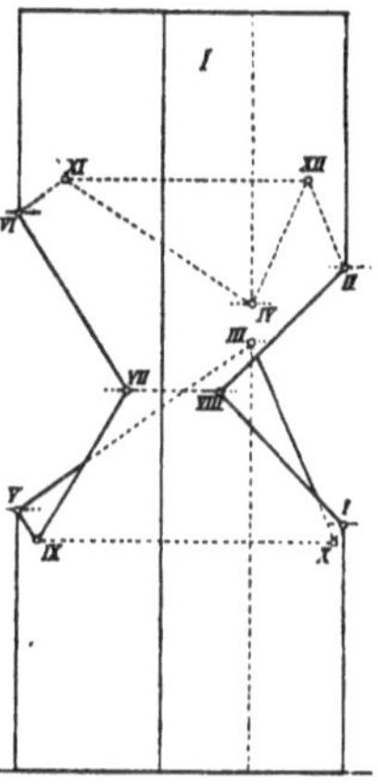

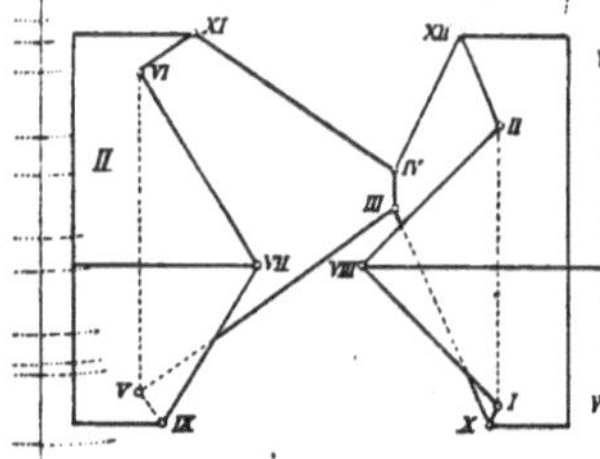

Fig. 535.

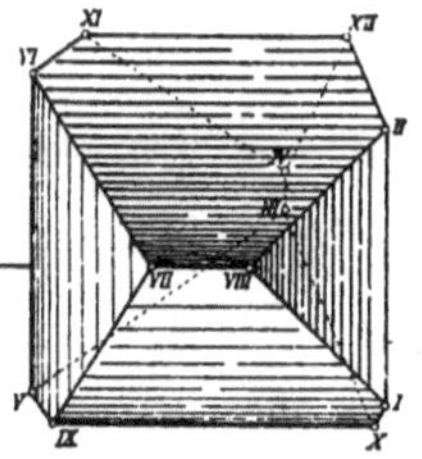

Fig. 536.

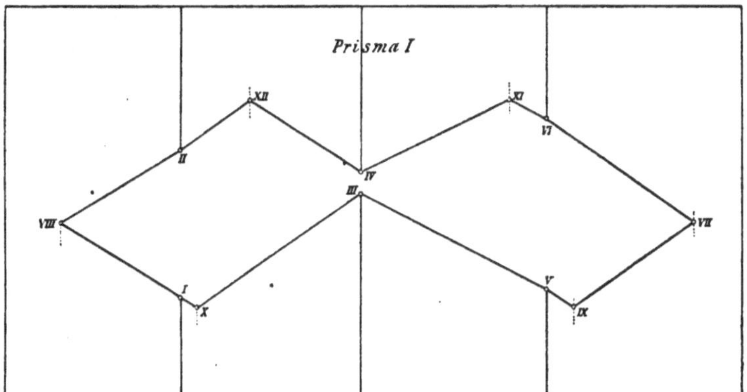

Fig. 537.

binden. Was die Sichtbarkeit und Unsichtbarkeit der Verbindungslinien betrifft, so sind nur solche Linien sichtbar, die bezüglich beider Prismen auf sichtbaren Flächen liegen. Sichtbare Flächen sind bezüglich der Pr. Eb. E_3 für das Prisma I die Flächen A und B, für das Prisma II die Flächen C und D, daher sind von der Schnittfigur die Verbindungslinien VI.VII, VII.IX, I.VIII und VIII.II sichtbar, die übrigen Linien aber unsichtbar; dies ist in der oben angegebenen Verbindungsreihenfolge dadurch angedeutet, daß über den angeschriebenen Ziffern für die sichtbaren Verbindungslinien ununterbrochene, für die unsichtbaren unterbrochene Linien gezogen sind.

In Figur 534 ist das Prisma I, in Figur 535 das Prisma II für sich allein mit der Durchschnittsfigur gezeichnet; in Figur 536 ist das beiden Prismen gemeinsame Körperstück besonders angegeben. In Figur 537 endlich ist der Mantel des Prismas I mit der Durchschnittsfigur in eine Ebene abgewickelt.

Durchdringung eines senkrechten Kreiskegels mit einem senkrechten Kreiszylinder.

33. Die Projektionsebenen sind so gewählt, daß die Pr. Eb. E_1 mit der Grundfläche des Kegels zusammenfällt und die Pr. Eb. E_2 senkrecht zur Zylinderachse gerichtet ist. — Die Durchschnittsfigur beider Körper erhält man durch Annahme einer Reihe von Horizontalebenen, welche aus dem Kegel Kreise, aus dem Zylinder Mantellinien ausschneiden. Die Kreise und die Zylindermantellinien treffen sich in Punkten der Schnittkurve.

So liefert z. B. (Fig. 538) die Ebene A_2 auf dem Kegel den Kreis A, auf dem Zylinder zwei Mantellinien B und C, welche den Kreis A in den Punkten 1 und 2 treffen. In Figur 539 ist eine Seitenprojektion der beiden Körper mit der Schnittfigur und in Figur 540 das beiden Körpern gemeinsame Körperstück gezeichnet. Figur 541 stellt die Abwicklung des Zylindermantels mit der Schnittfigur dar, Figur 542 enthält die Abwicklung des Kegelmantels mit der Schnittfigur. Um letztere zu erhalten, teilt man wieder den Grundkreis des Kegels ein, zieht durch die Teilungspunkte Mantellinien, bestimmt den Kreisausschnitt s a b so, daß sein Halbmesser gleich $\overline{s_2 a_2}$ und die Bogenlänge a b gleich dem Umfange des Grundkreises des Kegels ist, überträgt die Einteilung des Kegelkreises auf den Bogen a b, zieht durch die so erhaltenen Teilungspunkte auf

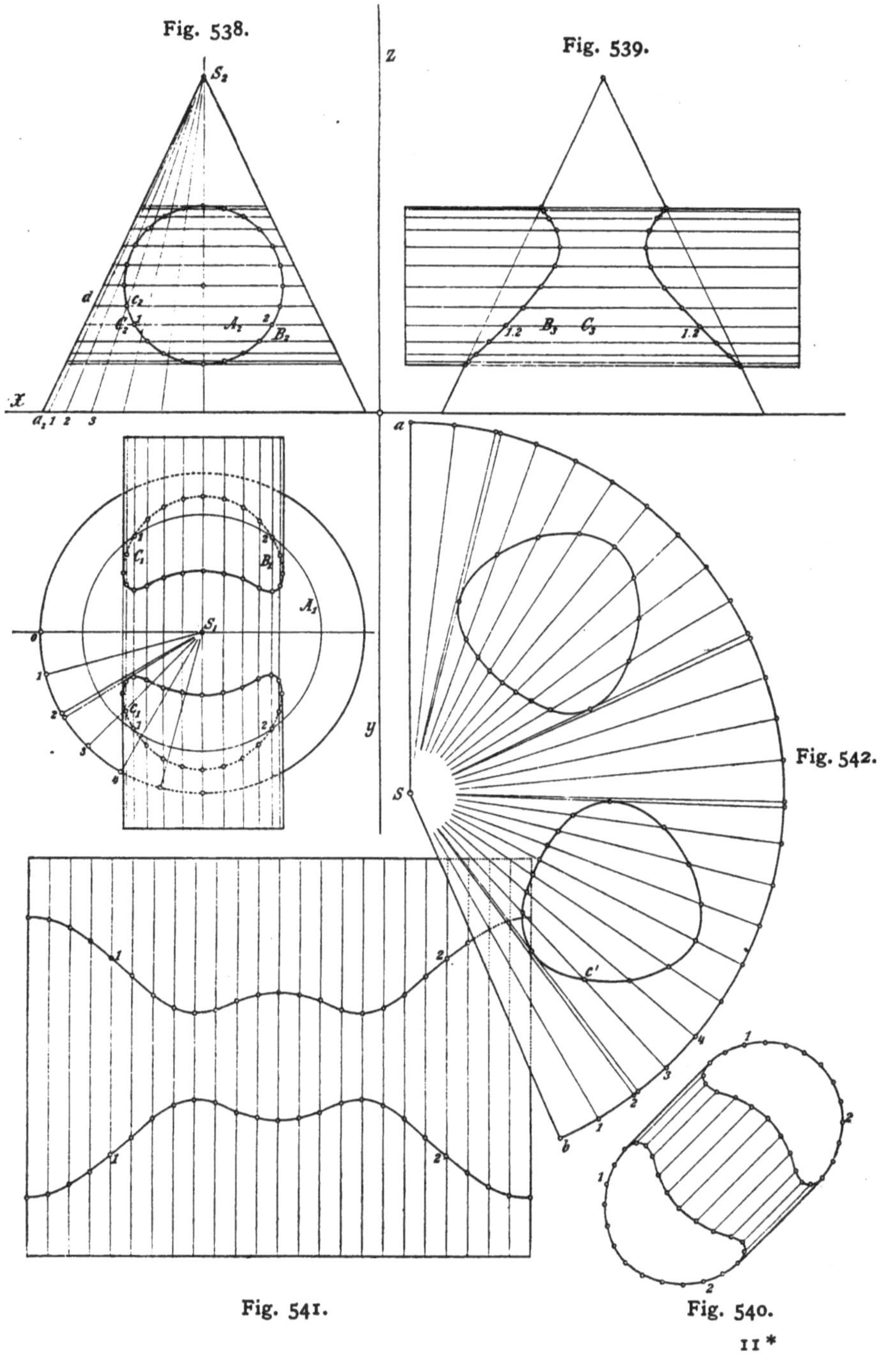

Fig. 538.

Fig. 539.

Fig. 540.

Fig. 541.

Fig. 542.

a b die Mantellinien und überträgt auf diese von s aus die Entfernungen der auf den Kegelmantellinien liegenden Punkte der Schnittfigur von der Kegelspitze; so ist z. B. $\overline{s c'}$ (Fig. 542) $= \overline{s d}$ (Fig. 538).

Durchdringung eines senkrechten Kreiskegels mit einer Kugel.

34. Die Pr. Ebn. sind so gewählt, daß die Grundfläche des Kegels in der Pr. Eb. E_1 liegt und die den Kugelmittelpunkt und die Kegelachse enthaltende Ebene zur Pr. Eb. E_2 parallel ist. Man erhält Punkte der Schnittfigur, wenn man beide Körper durch Horizontalebenen schneidet; diese treffen sowohl den Kegel wie die Kugel nach Kreisen, welche sich in Punkten der Schnittfigur begegnen; so schneidet z. B. (Fig. 543) die Ebene A_2 aus dem Kegel den Kreis A, aus der Kugel den Kreis B heraus, beide Kreise begegnen sich in den Punkten 1 und 2. Durch Annahme beliebig vieler Horizontalebenen erhält man beliebig viele Punkte der Schnittfigur. Die Ebene des größten horizontalen Kugelkreises C bestimmt auf dem Kegel den Kreis D, dessen Grundriß D_1 den Kreis C_1 in den Punkten 3 und 4 schneidet, in welchen die Schnittkurve den Kugelumriß berührt.

In Figur 544 ist der Kegel, in Figur 545 die Kugel mit der Schnittkurve besonders dargestellt.

Durchdringung eines senkrechten Kreiszylinders mit einer Kugel.

35. Die Pr. Ebn. sind so gewählt, daß E_1 senkrecht zur Zylinderachse steht und die Ebene durch den Kugelmittelpunkt und die Zylinderachse parallel zu E_2 gerichtet ist (Fig. 546).

Zur Bestimmung der Schnittkurve wählt man wieder Ebenen senkrecht zur Zylinderachse, welche Zylinder und Kugel nach Kreisen schneiden, die unter sich die Punkte der Schnittkurve bestimmen. Die Ebene A_2 z. B. schneidet aus der Kugel den Kreis A aus, der den Zylindergrundkreis in den Punkten 1 und 2 trifft. Durch Annahme beliebig vieler solcher Ebenen erhält man so viele Punkte der Schnittfigur, daß diese gezeichnet werden kann. In Figur 547 ist der Zylinder mit der Schnittfigur besonders dargestellt.

Fig. 543.

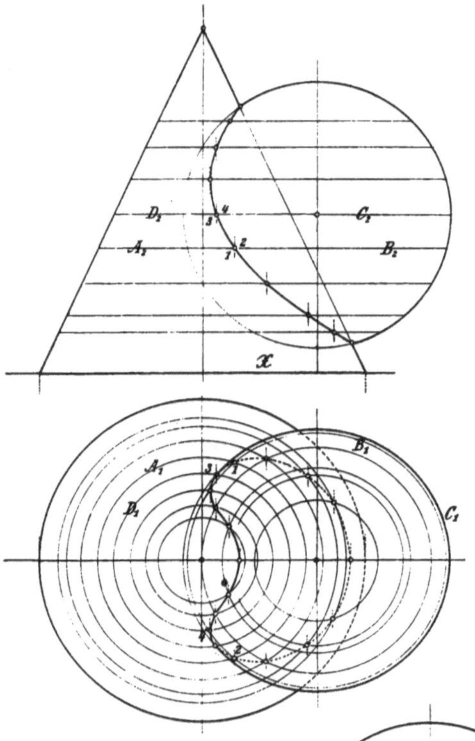

Fig. 546.

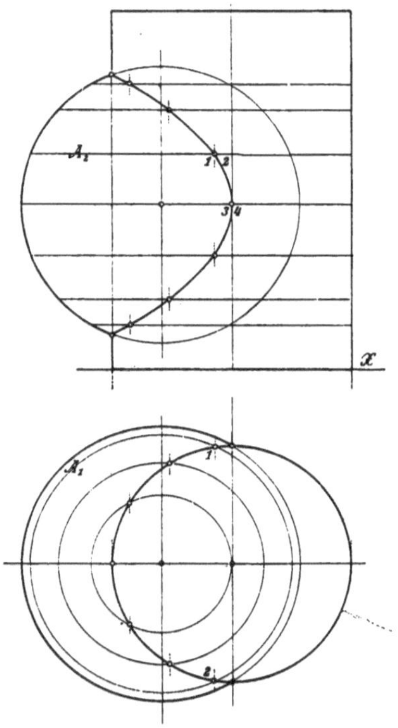

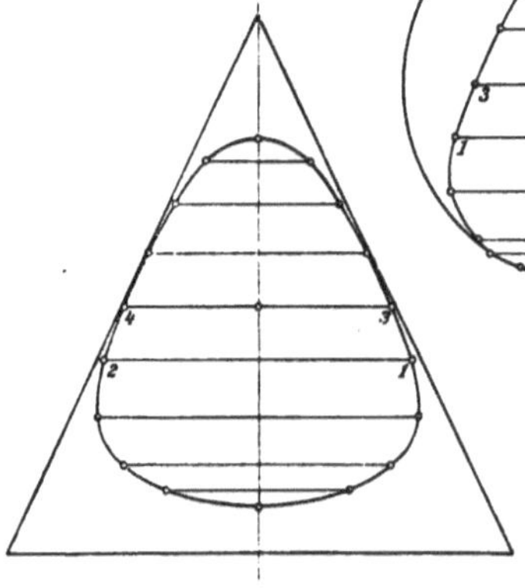

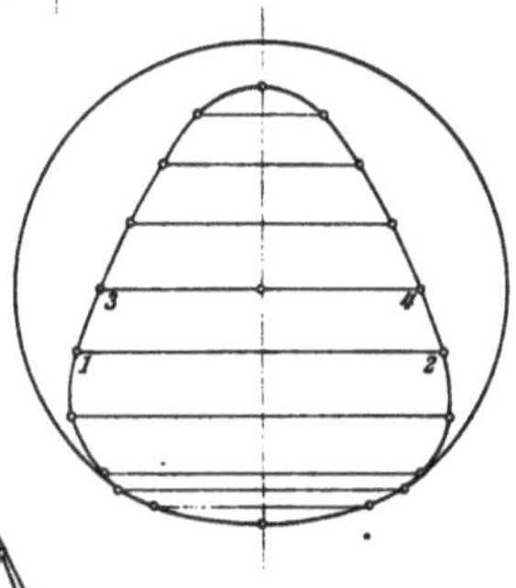

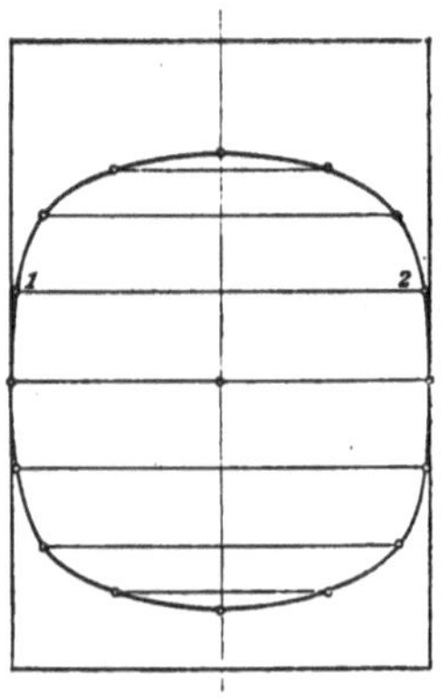

Fig. 544. Fig. 545. Fig. 547.

4. Kapitel.

Rechtwinkelige und schiefwinkelige Axonometrie.

Begriff und Zweck der rechtwinkeligen Axonometrie.

36. Drei aufeinander senkrechte Gerade X, Y, Z (Fig. 548) bilden ein Achsensystem; irgend ein Punkt a des Raumes kann auf dieses Achsensystem derart bezogen werden, daß man von dem Punkte a auf die Ebenen X Y, X Z und Y Z Senkrechte fällt und die Fußpunkte dieser Senkrechten in den genannten Ebenen festlegt. Zieht man nun durch diese Fußpunkte in den Koordinatenebenen X Y, X Z und Y Z Parallele zu den Achsen X, Y und Z, so entsteht hierdurch ein Parallelepiped, dessen Grundriß (Fig. 548) durch o a_x a_1 a_y, dessen Aufriß durch o a_x a_2 a_z dargestellt ist. In diesem Parallelepiped bezeichnen die Strecken $\overline{o\,a_x} = x$, $\overline{o\,a_y} = y$ und $\overline{o\,a_z} = z$ die Koordinaten des Punktes a.

Denkt man sich das ganze Achsensystem in eine andere Lage gebracht und hierauf rechtwinkelig auf eine Ebene, die Bildebene, projiziert, so können z. B. die Achsen X, Y und Z die Lage erhalten wie in Figur 549. Das Parallelepiped der Figur 548 erhält dann die in Figur 549 angegebene Lage und es bezeichnen die Längen $\overline{o_0\,a_x} = x_0$, $\overline{o_0\,a_y} = y_0$, $\overline{o_0\,a_z} = z_0$ die axonometrischen Koordinaten des Punktes a, während a_0 das axonometrische Bild des Punktes a genannt wird.

Aus den rechtwinkeligen Koordinaten eines Punktes a die zugehörigen axonometrischen Koordinaten und hieraus das axonometrische Bild des Punktes bzw. eines Körpers zu bestimmen, ist die Aufgabe der Axonometrie.

Kennt man die axonometrischen Bilder der Koordinatenachsen, d. h. das Bild des Achsenkreuzes der Axonometrie, so läßt sich ohne Schwierigkeit der Zusammenhang ermitteln, der zwischen den Längen der axonometrischen und jenen der rechtwinkeligen Koordinaten eines Punktes besteht.

Ist in Figur 549 durch X_0, Y_0 und Z_0 das axonometrische Bild des Achsenkreuzes gegeben, so stehen die Schnittlinien der Koordinatenebenen X Y, X Z und Y Z auf den Achsenbildern Z_0, Y_0 und X_0 bzw. senkrecht und bilden ein Dreieck $x_0\,y_0\,z_0$, das Spurendreieck der Bildebene. Legt man ferner durch eine Achse, etwa die Z-Achse, eine Ebene

Fig. 549.

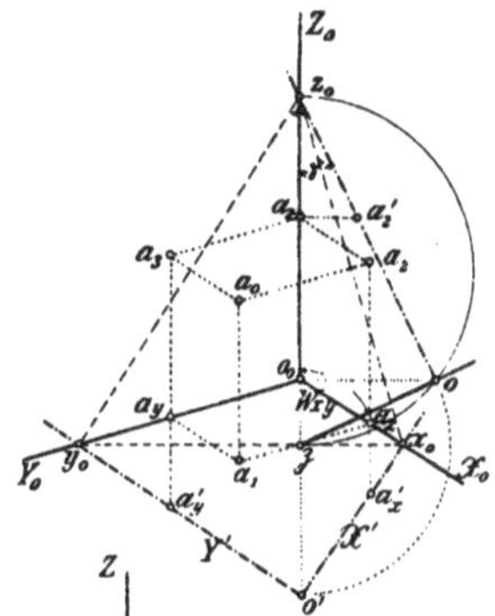

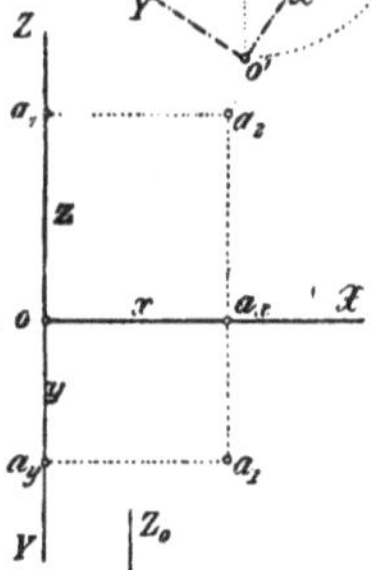

Fig. 548.

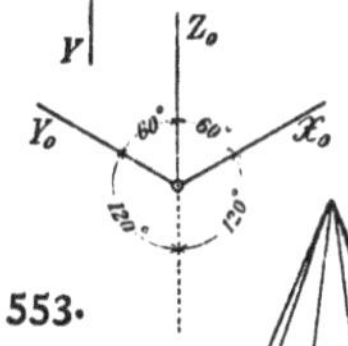

Fig. 553.

Fig. 554.

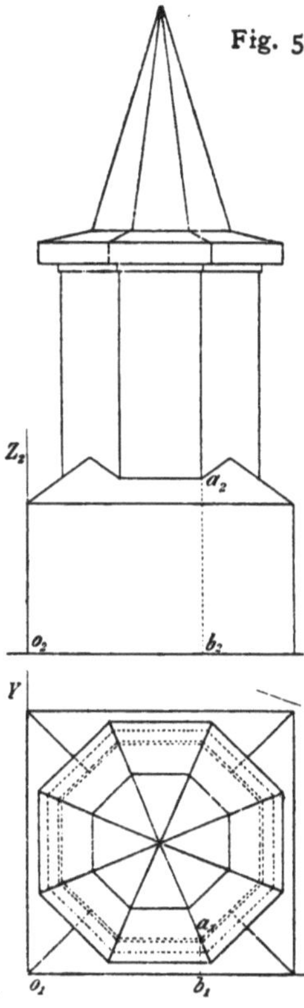

Fig. 557.

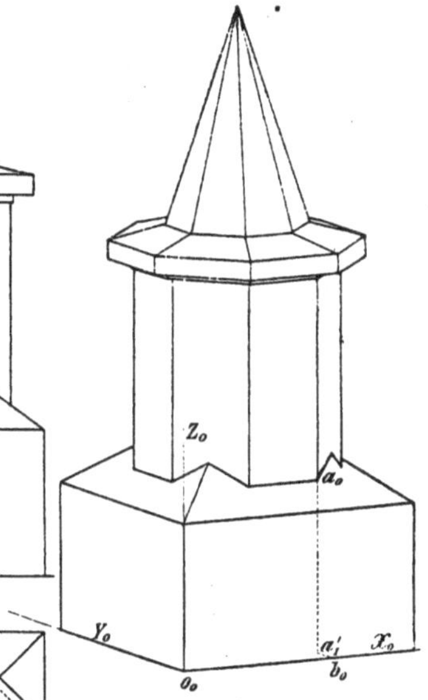

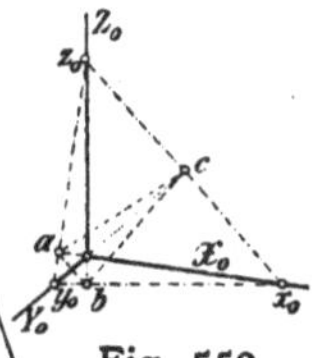

Fig. 550.

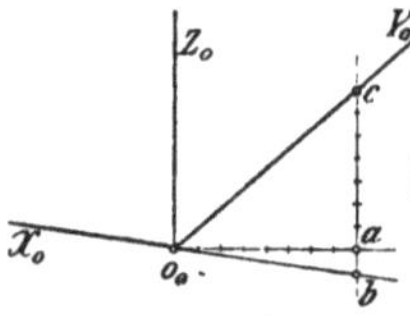

Fig. 551.

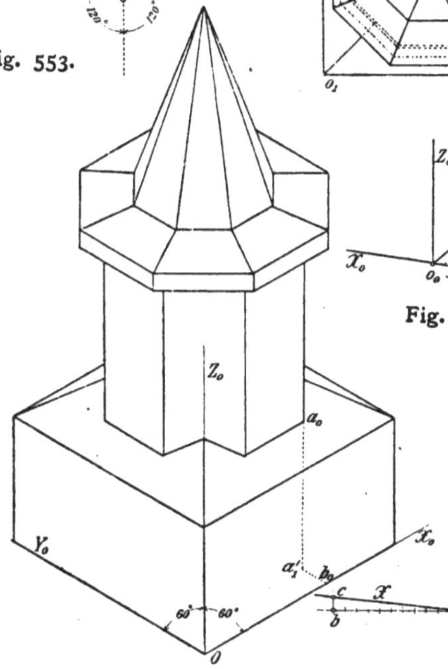

Fig. 555.

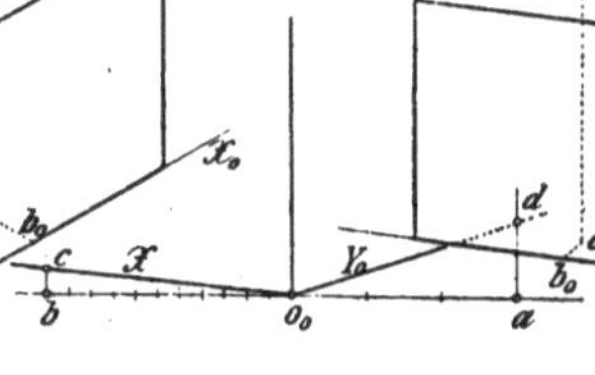

Fig. 552.

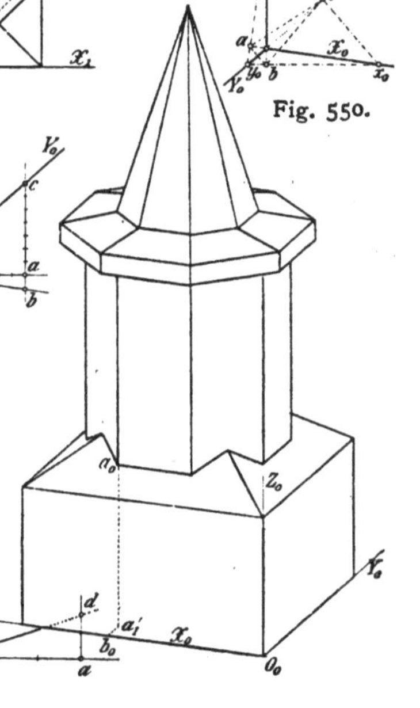

Fig. 556.

senkrecht zur Bildebene und legt diese samt der Achse Z um ihren Schnitt mit der Bildebene in letztere um, so erhält man das bei o rechtwinklige Dreieck $z_0 o \mathfrak{z}$, in welchem der Winkel γ den Neigungswinkel der Z-Achse mit der Bildebene darstellt, während in dem Winkel W_{xy} der Neigungswinkel der Koordinatenebene X Y mit der Bildebene gegeben ist. Legt man endlich die Ebene X Y um ihre Spur $x_0 y_0$ in die Bildebene um, so kommt der Punkt o nach o', so daß $\overline{\mathfrak{z} o'} = \overline{\mathfrak{z} o}$ ist, und es sind die Linien $o' x_0$ und $o' y_0$ die Umlegungen X' und Y' der Koordinatenachsen X und Y in die Bildebene. Macht man nun in Figur 549 die Längen $\overline{o' a_x'}$, $\overline{o' a_y'}$, $\overline{o' a_z'}$ bzw. gleich den Längen $\overline{o a_x}$, $\overline{o a_y}$ und $\overline{o a_z}$ der Figur 548 und bestimmt hierauf auf den Achsenbildern X_0, Y_0, Z_0 die Punkte a_x, a_y, a_z, so stellen die Längen $\overline{o_0 a_x}$, $\overline{o_0 a_y}$, $\overline{o_0 a_z}$ die axonometrischen Koordinaten des Punktes a dar. Durch Vervollständigung des durch die Punkte o_0, a_x, a_y, a_z bestimmten Parallelepipedes ergibt sich das axonometrische Bild a_0 des Punktes a.

Die Endpunkte a_1, a_2, a_3 des Parallelepipedes (Figur 549) bezeichnen bzw. den axonometrischen Grund-, Auf- und Seitenriß des Punktes a. Es ist klar, daß die Lage eines Punktes gegen die Bildebene bestimmt ist, sobald das axonometrische Bild des Punktes und das seines Grund-, Auf- oder Seitenrisses gegeben ist.

Die verschiedenen rechtwinkeligen axonometrischen Projektionsarten.

37. Die axonometrischen Koordinaten eines Punktes sind kleiner als die wirklichen Koordinaten und es bestehen die Verhältnisse $\frac{\overline{o_0 a_x}}{\overline{o a_x}}$, $\frac{\overline{o_0 a_y}}{\overline{o a_y}}$, $\frac{\overline{o_0 a_z}}{\overline{o a_z}}$, welche die Verkürzungsverhältnisse der axonometrischen Projektion genannt werden. Setzt man $\frac{\overline{o_0 a_x}}{\overline{o a_x}} = m$, $\frac{\overline{o_0 a_y}}{\overline{o a_y}} = n$, $\frac{\overline{o_0 a_z}}{\overline{o a_z}} = p$, so bezeichnen die drei Größen m, n und p die Verhältniszahlen der axonometrischen Projektion; letztere ist vollständig bestimmt, sobald die Verhältniszahlen gegeben sind. Man unterscheidet folgende Projektionsarten:

a) Es ist $m = n = p$. Die Verhältniszahlen sind einander gleich, desgleichen die Verkürzungsverhältnisse. Die drei Achsen X, Y und Z besitzen gleiche Neigung zur Bildebene — die entstehende Projektion heißt eine isometrische Projektion.

b) Es ist $m = p$. Zwei Verkürzungsverhältnisse sind gleich groß, d. h. zwei Achsen, in der Regel die X- und Z-Achse, besitzen gleiche Neigung zur Bildebene — die entsprechende Projektion heißt eine dimetrische Projektion.

c) Die drei Verhältniszahlen m, n und p sind ungleich groß, die drei Achsen X, Y und Z besitzen verschiedene Neigung zur Bildebene; man erhält ein trimetrische oder anisometrische Projektion.

Bei der isometrischen Projektion sind die Verkürzungen für alle drei Achsen gleich groß; zur Vereinfachung der Darstellung trägt man die axonometrischen Koordinaten in wahrer Größe ab; das hierdurch sich ergebende Bild eines Körpers ist zwar etwas größer als die eigentliche isometrische Projektion des Körpers, es ist diesem Bilde aber ähnlich.

Unter den dimetrischen Projektionen ist die gebräuchlichste jene mit den Verhältniszahlen $1 : {}^1/_2 : 1$. Hier werden die X- und Z-Koordinaten in wahrer Größe, die Y-Koordinaten in halber Größe aufgetragen. Von den trimetrischen Projektionen verwendet man jene mit den Verhältniszahlen $9 : 5 : 10$ am häufigsten; es verkürzen sich hier die X- und Y-Koordinaten um ein bzw. fünf Zehntel, während die Z-Koordinaten unverkürzt bleiben. Die schönsten Bilder liefert die angeführte trimetrische Projektion $9 : 5 : 10$. — Die größte Verzerrung erleiden die Bilder in isometrischer Projektion.

Konstruktion des Achsenkreuzes für eine axonometrische Projektion.

38. Sollen die Zahlen m, n und p die Verhältniszahlen einer axonometrischen Projektion darstellen, so muß zwischen ihnen die Beziehung bestehen: $m^2 + n^2 > p^2$, $m^2 + p^2 > n^2$, $n + p^2 > m^2$. Aus den gegebenen Verhältniszahlen läßt sich in einfacher Weise das Achsenkreuz der zugehörigen axonometrischen Projektion wie folgt konstruieren:

Man zeichnet (Fig. 550) ein Dreieck a b c, dessen Seiten sich zueinander verhalten wie die Quadrate der Verhältniszahlen. Die Halbierungslinien der Winkel dieses Dreiecks geben die Achsenrichtungen der axonometrischen Projektion.

Für die dimetrische Projektion $1 : {}^1/_2 : 1$ und die trimetrische $9 : 5 : 10$ verwendet man zweckmäßig die folgenden Konstruktionen für das Achsenkreuz:

Dimetrische Projektion. Man trägt (Fig. 551) auf einer Horizontalen die Strecke $\overline{o_0 a} = 8$ Einheiten ab, errichtet in a eine Vertikale und trägt hierauf die Strecken $\overline{a b} = 1$ und $\overline{a c} = 7$ Einheiten ab; so liefern die Verbindungslinien o_0 b und o_0 c die Achsenbilder X_0 und Y_0 der dimetrischen Projektion, das Achsenbild Z_0 ist die Vertikale durch o_0.

Trimetrische Projektion 9 : 5 : 10. Auf einer Horizontalen (Fig. 552) trägt man eine Strecke $\overline{o_0 a} = 3$ Einheiten ab, zeichnet in a die Vertikale a d = 1, so gibt die Verbindungslinie o_0 d das Achsenbild Y_0. Macht man ebenso $\overline{o_0 b} = 11$ Einheiten und die Vertikale $\overline{b c} = 1$ Einheit, so liefert die Verbindungslinie c o_0 das Achsenbild X_0; die Vertikale durch o_0 gibt das Achsenbild Z_0.

Isometrische Projektion. Bei der isometrischen Projektion schließen die Achsenbilder X_0, Y_0 und Z_0 unter sich gleiche Winkel ein, siehe Figur 553.

Konstruktion des axonometrischen Bildes eines Körpers.

39. Der in Figur 554 durch Grund- und Aufriß dargestellte Körper ist in den Figuren 555, 556 und 557 in isometrischer, dimetrischer $1 : {}^1/_2 : 1$ und trimetrischer Projektion 9 : 5 : 10 gezeichnet.

In jeder Projektion ist das Bild des Achsenkreuzes auf Grund des Vorstehenden konstruiert worden. Das axonometrische Bild des Körpers erhält man, wenn man aus der Figur 554 für die einzelnen Eckpunkte des Körpers die Koordinaten x, y, z bestimmt und in der axonometrischen Projektion entweder unverändert oder entsprechend verkürzt abträgt. In Figur 555, d. h. in der isometrischen Darstellung, sind die Koordinaten unverkürzt abzutragen, in Figur 556 verkürzen sich die y-Koordinaten je um die Hälfte, in Figur 557 verkürzen sich die x- und y-Koordinaten, erstere um ${}^1/_{10}$, letztere um die Hälfte ihrer wahren Länge. In den Figuren 555, 556 und 557 ist die Übertragung der Koordinaten eines Punktes a aus der Figur 554 angedeutet.

Schiefwinkelige Axonometrie, die verschiedenen Projektionsarten, Konstruktion des Achsenkreuzes und des axonometrischen Bildes eines Körpers.

40. Bei der schiefwinkeligen Axonometrie ist die Projektionsrichtung nicht rechtwinkelig zur Bildebene, sondern unter einem beliebigen Winkel gegen letztere geneigt. Bei dieser Projektionsart kann man sowohl das

Bild des Achsenkreuzes, als auch die Verkürzungsverhältnisse bzw. Verhältniszahlen ganz willkürlich wählen und daher auch eine isometrische, dimetrische und trimetrische Projektion unterscheiden, je nachdem alle

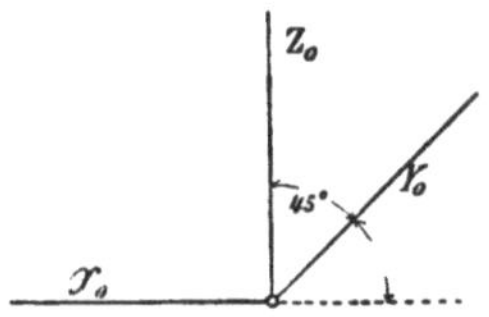

Fig. 558.

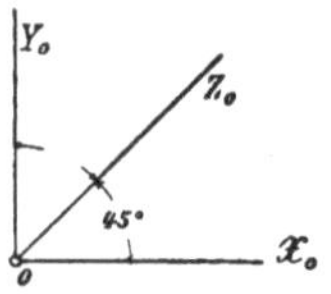

Fig. 559.

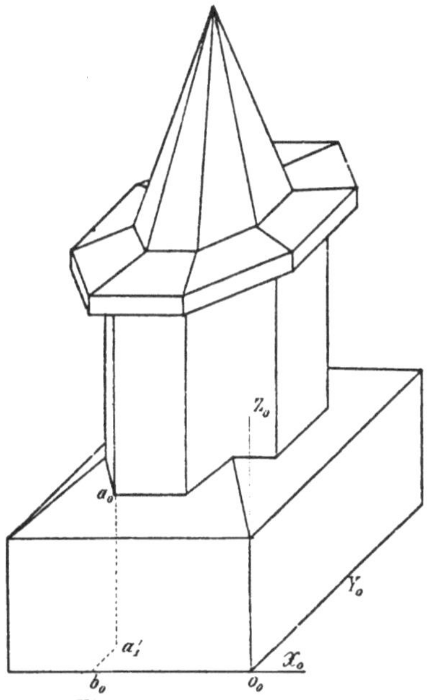

Fig. 560.

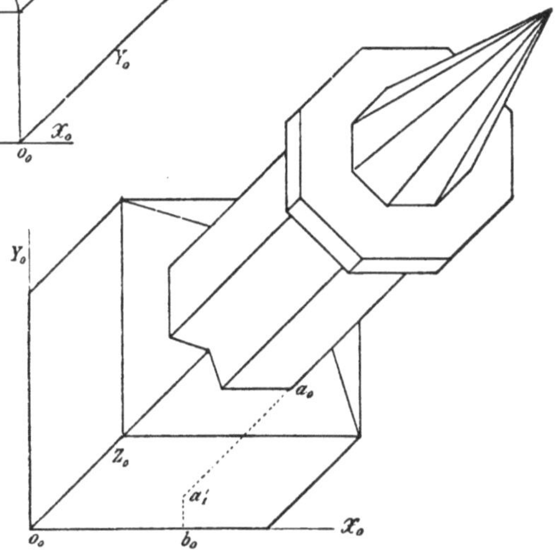

Fig. 561.

drei Verhältniszahlen oder nur zwei derselben einander gleich oder aber alle drei verschieden groß sind. In der Regel wählt man zur Darstellung von Körpern in schiefwinkeliger Axonometrie nur die isometrische Projektion. Man nimmt dann der Einfachheit halber die Bildebene mit einer

Koordinatenebene zusammenfallend an, wobei man zwei Fälle unterscheidet:

1. Die Bildebene fällt mit der X Z-Ebene zusammen, das Bild der Y-Achse halbiert den Achsenwinkel von X Z, die Projektionsrichtung schließt mit der Bildebene einen Winkel von 45⁰ ein, siehe Figur 558.

2. Die Bildebene fällt mit der X Y-Ebene zusammen, das Bild der Z-Achse halbiert den Achsenwinkel von X und Y, die Projektionsrichtung ist gegen die Bildebene gleichfalls unter 45⁰ geneigt, siehe Figur 559.

Für beide Projektionsarten sind die axonometrischen Koordinaten eines Punktes seinen wirklichen Koordinaten gleich. In den Figuren 560 und 561 ist der in Figur 554 durch Grund- und Aufriß dargestellte Körper in schiefer isometrischer Projektion gezeichnet.

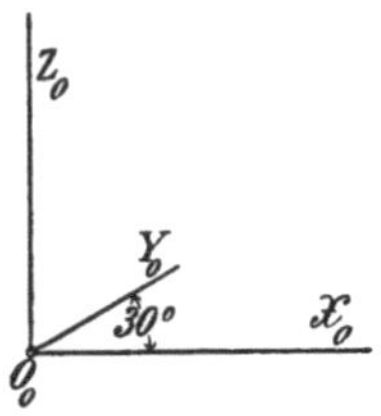

Fig. 562.

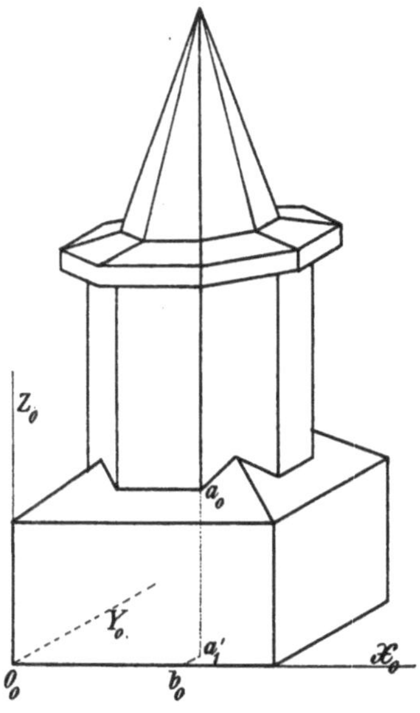

Fig. 563.

Manchmal verwendet man zur Darstellung von Körpern auch eine schiefwinkelige dimetrische Projektion, bei welcher die X- und Z-Achse aufeinander senkrecht stehen, während die Y-Achse mit der X-Achse einen Winkel von 30⁰ einschließt, siehe Figur 562. Auf den beiden ersten Achsen werden die Koordinaten eines Punktes unverkürzt, auf der Y-Achse aber auf die Hälfte verkürzt aufgetragen. Man erhält dann von einem Körper ein dimetrisches Bild in schiefwinkeliger Axonometrie, siehe Figur 563. Man bezeichnet diese Projektionsart vielfach kurzweg als schiefe Projektion.

5. Kapitel.

Konstruktion des Schlagschattens von Punkten und Linien, sowie des Selbst- und Schlagschattens von Körpern.

Selbst- und Schlagschatten eines Körpers, Richtung der Lichtstrahlen.

41. Bei den für technische Zeichnungen üblichen Schattenkonstruktionen ist vorausgesetzt, daß der darzustellende Gegenstand durch parallele Lichtstrahlen beleuchtet werde. Man unterscheidet Selbst- und Schlagschatten; ersterer liegt auf jenem Teile der Oberfläche eines Körpers, zu welchem Lichtstrahlen nicht gelangen. Denkt man sich einen Lichtstrahl längs der Oberfläche eines Körpers so geführt, daß er bei seinem ersten Zusammentreffen mit der Oberfläche des Körpers diese nicht durchdringt, sondern nur an ihr vorbeistreift, so wird durch die Berührungspunkte des genannten Lichtstrahles und der Oberfläche eine Linie gebildet, welche die Oberfläche in zwei Teile teilt, deren einer beleuchtet ist, während der andere kein Licht erhält. Die Grenzlinie zwischen beiden Teilen heißt die Selbstschattengrenze des Körpers, der Schatten selbst der Selbstschatten. Die Aufeinanderfolge der vorgenannten Lichtstrahlen bildet je nach der Beschaffenheit der Oberfläche die Fläche eines Prismas oder eines Zylinders, welche Lichtstrahlenprisma, bzw. Lichtstrahlenzylinder genannt wird. Der Lichtstrahlenzylinder kann die Oberfläche des Körpers, welchen er längs der Selbstschattengrenze berührt, noch nach einer zweiten Kurve durchschneiden oder die Oberfläche eines zweiten Körpers treffen. Hierdurch entsteht auf dem ersten bzw. dem zweiten Körper eine weitere Schattengrenze, welche die Schlagschattengrenze des gegebenen Körpers genannt wird.

42. Es ist üblich, die Richtung der Lichtstrahlen parallel zur Richtung der Diagonale eines Würfels zu wählen, der mit seinen Seitenflächen bzw. parallel zu den Pr. Ebn. dargestellt ist, und zwar wählt man jene Diagonale als Lichtrichtung, welche die linke vordere obere Ecke a mit der rechten rückwärtigen unteren Ecke c verbindet (Fig. 564). Die Projektionen eines Lichtstrahles L stellen sich als zwei Gerade L_1, bzw. L_2 dar, welche unter 45^0 zur Projektionsachse geneigt sind.

Der Winkel φ der Lichtrichtung mit einer der Pr. Ebn. selbst ist kleiner als 45^0; er beträgt etwa $35^0.10'$. Die Konstruktion dieses Winkels ist aus Figur 564 zu entnehmen.

Schatten eines Punktes.

43. Bei Punkten und Linien kann man nicht von einem Selbstschatten sprechen. Ein Punkt sowohl wie eine Linie besitzt nur einen Schlagschatten.

Der Schlagschatten eines Punktes auf eine Pr. Eb. ergibt sich als der Durchschnittspunkt des durch den Punkt geführten Lichtstrahles

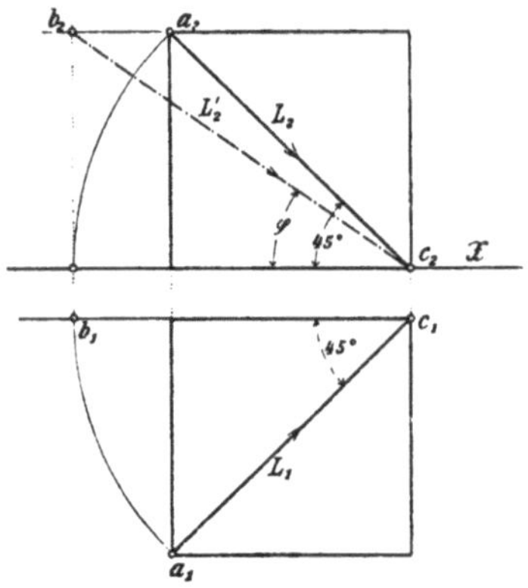

Fig. 564.

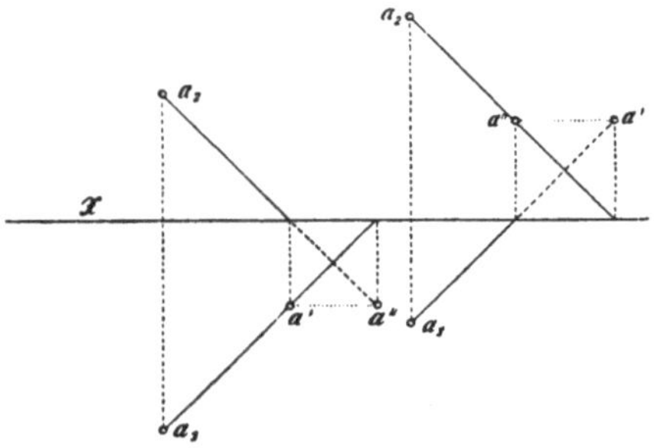

Fig. 565. Fig. 566.

mit der bezüglichen Pr. Eb. In Figur 565 ist der Schlagschatten des Punktes a auf die Pr. Eb. E_1 dargestellt; man erhält hierfür den Punkt a'. In Figur 566 fällt der Schatten von a auf die Pr. Eb. E_2 nach a''. Ob der Schatten eines Punktes auf die eine oder andere Pr. Eb. fällt, hängt von der Entfernung des Punktes von den Pr. Ebn. ab. — Der Schlagschatten eines Punktes fällt immer auf jene Pr. Eb., welcher er zunächst liegt. Bestimmt man, wie in den Figuren 565 und 566 geschehen, die Durchschnittspunkte des durch a geführten Lichtstrahles mit den beiden Pr. Ebn. E_1 und E_2, so erhält man die Punkte a' und a'', deren Verbindungslinie in einer Parallelen zur X-Achse liegt. In Figur 565 ist a'' der Schatten von a auf die Pr. Eb. E_2, für den Fall, daß die Pr. Eb. E_1 weggenommen würde; in Figur 566 ist a' der Schatten auf E_1, für den Fall, daß E_2 entfernt würde.

Ist einer der beiden Schattenpunkte a′ oder a″ eines Punktes a bekannt, so läßt sich der andere stets sehr leicht konstruieren. — Ist a′ bekannt, so liegt a″ auf der Parallelen zur X-Achse durch a′ auf dem Lichtstrahle durch a_2; ist a″ gegeben, so liegt a′ auf der Parallelen zur X-Achse durch a″ und auf dem Lichtstrahle durch a_1.

Schatten einer Geraden.

44. Die Gerade steht senkrecht zur Pr. Eb. E_1 (Fig. 567); der Schatten fällt ganz in die Pr. Eb. E_1 und ist parallel zum Grundriß der Lichtrichtung.

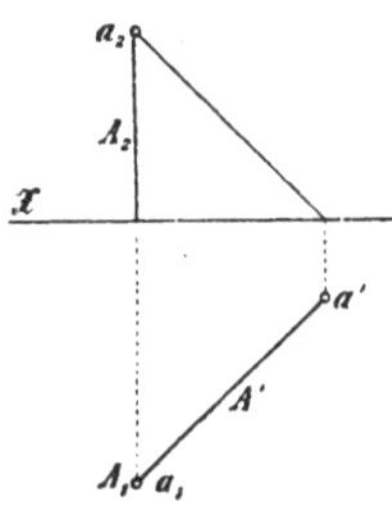

Fig. 567.

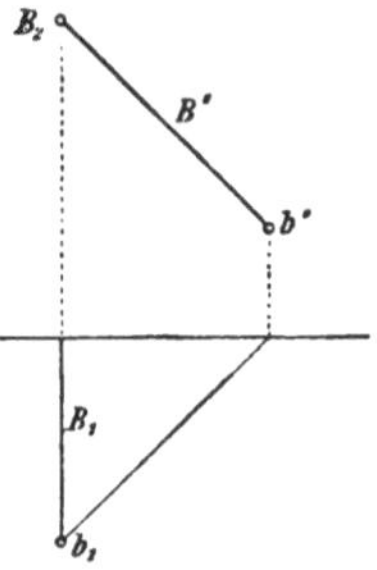

Fig. 568.

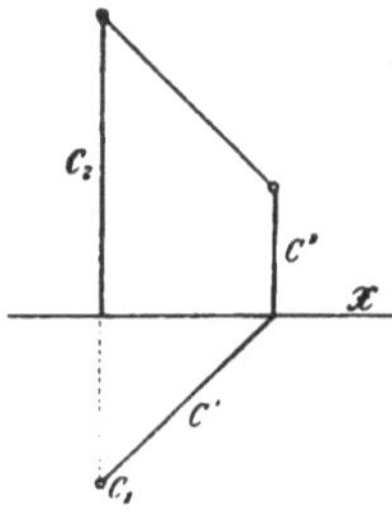

Fig. 569.

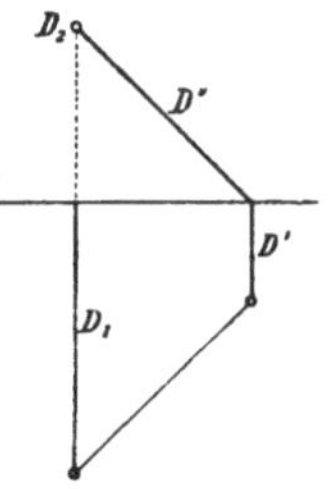

Fig. 570.

Die Gerade steht senkrecht zur Pr. Eb. E_2 (Fig. 568); der Schatten fällt ganz in die Pr. Eb. E_2 und ist parallel zum Aufriß der Lichtrichtung.

In den Figuren 569 und 570 steht die Gerade ebenfalls senkrecht zur ersten, bzw. zweiten Pr. Eb. Der Schatten fällt aber auf beide Pr. Ebn. E_1 und E_2.

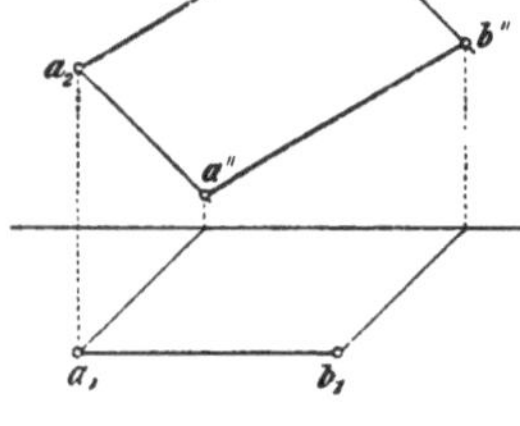

Fig. 572.

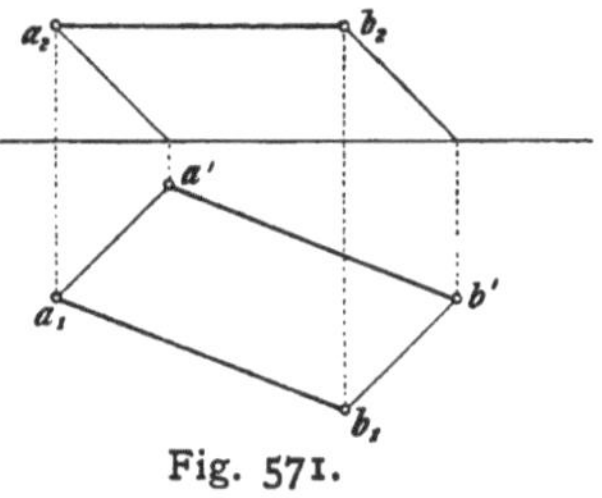

Fig. 571.

Die Gerade ist parallel zur ersten, bzw. zweiten Pr. Eb. (Fig. 571 und 572); der Schatten ist parallel zur Geraden selbst.

Die Gerade ist zu beiden Pr. Ebn. beliebig geneigt (Fig. 573). Man bestimmt zunächst die Durchschnittspunkte der Lichtstrahlen durch die Endpunkte a und b der Geraden mit den Pr. Ebn. E_1 und E_2 und erhält hierdurch die Punkte a′, b′ und a″, b″. Die Verbindungslinie a′ b′ gibt den Schatten der Geraden auf die erste, die Verbindungslinie a″ b″ den Schatten auf die zweite Pr. Eb. Die Linien a′ b′ und a″ b″ schneiden sich in einem Punkte c der X-Achse, und es gilt nun als eigentlicher Schatten auf die Pr. Eb. E_1 das Stück $\overline{b'c}$, als eigentlicher Schatten auf die Pr. Eb. E_2 das Stück $\overline{a''c}$.

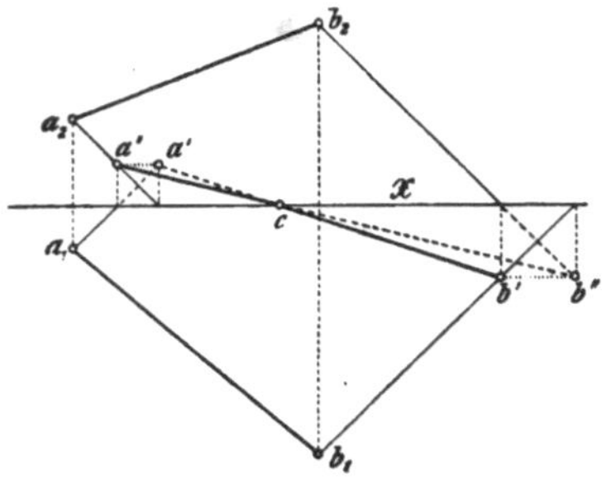

Fig. 573.

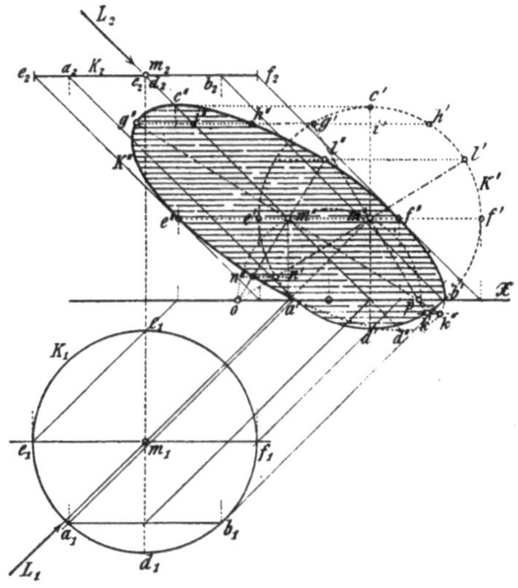

Fig. 574.

Schatten einer Kreislinie.

45. Der Kreis ist (Fig. 574) parallel zur Pr. Eb. E_1 angenommen, dann wird sein Schatten auf die Pr. Eb. E_1 ebenfalls ein Kreis sein, kongruent dem gegebenen Kreise. Man bestimmt den Schnittpunkt m′ des den Punkt m enthaltenden Lichtstrahles mit der Pr. Eb. E_1 und zieht um m′ den Kreis K′ mit einem Halbmesser gleich jenem des gegebenen Kreises K. Sind nun beide Pr. Ebn. vorhanden, so gilt als eigentlicher Schatten auf die Pr. Eb. E_1 nur das Stück a′ d′ b′ des Kreises K′, entsprechend dem Teile a d b von K. Der Schatten des Kreisbogens a e c f b fällt auf die Pr. Eb. E_2. Bestimmt man nun z. B. für die Punkte e und f die Schatten auf die Pr. Eb. E_2, so ergeben sich hierfür die Punkte e″ und f″. Aus der Konstruktion folgt unmittelbar, daß e′ f′ und e″ f″ in einer Parallelen zur X-Achse liegen und daß $\overline{e''f''} = \overline{e'f'}$ ist, ferner daß m″ die Mitte von $\overline{e''f''}$ und m′ die Mitte von $\overline{e'f'}$ bildet. Man hätte also die Punkte e″ und f″ auch ohne Benützung der Lichtstrahlen durch

FSC
www.fsc.org
MIX
Papier | Fördert gute Waldnutzung
FSC® C083411

Kolibri 360 GmbH
Ferdinand-Jühlke-Straße 7
99095 Erfurt, Deutschland
produktsicherheit@kolibri360.de